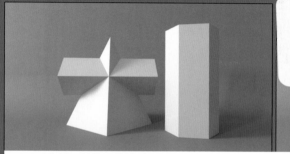

2.2.2实例：制作石膏模型

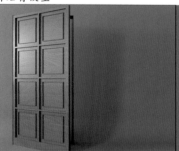

2.3.1实例：制作门模型

2.3.2实例：制作螺旋楼梯模型

3.3.2实例：制作酒杯模型

3.3.3实例：制作花瓶模型

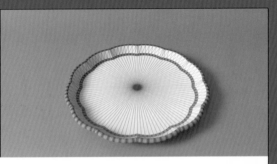

3.3.4实例：制作果盘模型

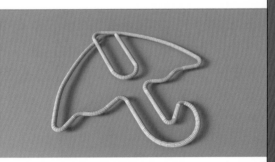

3.3.5实例：制作曲别针模型

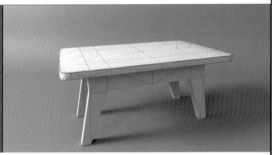

4.2.2实例：制作方桌模型

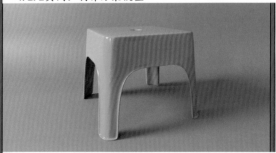

4.2.3实例：制作儿童凳模型

4.2.4实例：制作哑铃模型

4.2.5实例：制作沙发模型

4.2.6实例：制作排球模型

5.2.3实例：使用"太阳定位器"制作天空照明效果

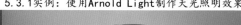

5.3.1实例：使用Arnold Light制作天光照明效果

5.3.2实例：使用Arnold Light制作静物照明效果

5.3.3实例：使用Arnold Light制作台灯照明效果

6.2.2实例：使用"物理"摄影机制作景深效果

6.2.3实例：使用"物理"摄影机制作运动模糊效果

7.3.4实例：使用"物理材质"制作玻璃材质

7.3.5实例：使用"物理材质"制作金属材质

7.3.6实例：使用"物理材质"制作玉石材质

7.3.7实例：使用"多维/子对象"材质制作陶瓷材质

7.3.8实例：使用Wireframe贴图制作线框材质

7.3.9实例：使用"渐变坡度"贴图制作渐变色材质

7.3.10实例：使用Color Jitter贴图制作随机颜色材质

7.3.11实例：使用"UVW贴图"修改器制作画框材质

7.3.12实例：使用"UVW展开"修改器制作图书材质

7.3.13实例：使用"UVW展开"修改器制作花盆材质

8.2.3实例：使用"曲线编辑器"制作文字变换动画

8.2.4实例：使用"弯曲"修改器制作"画"展开动画

8.2.5实例：使用"渐变坡度"贴图制作文字消失动画

8.3.1实例：使用"路径约束"制作直升机飞行动画

8.3.2实例：使用"注视约束"制作气缸运动动画

8.4.1实例：使用"噪波浮点"制作植物摆动动画

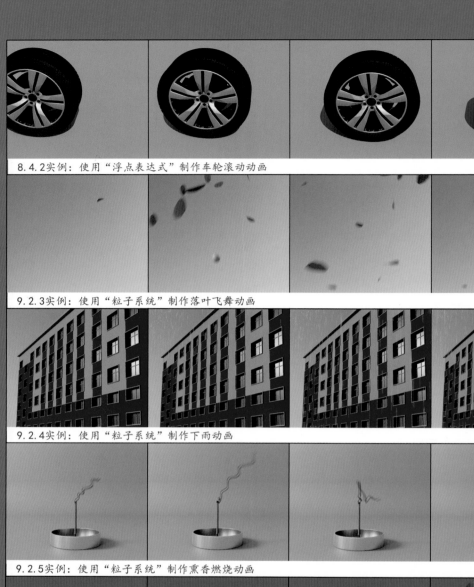

8.4.2实例：使用"浮点表达式"制作车轮滚动动画

9.2.3实例：使用"粒子系统"制作落叶飞舞动画

9.2.4实例：使用"粒子系统"制作下雨动画

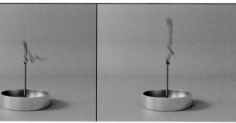

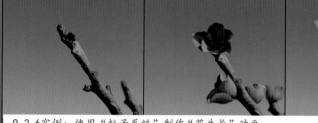

9.2.5实例：使用"粒子系统"制作熏香燃烧动画

9.2.6实例：使用"粒子系统"制作"花生长"动画

10.2.2实例：使用MassFX动力学制作自由落体动画

10.2.3实例：使用MassFX动力学制作物体碰撞动画

10.2.4实例：使用MassFX动力学制作布料下落动画

10.2.5实例：使用Cloth修改器制作小旗飘动动画

10.2.6实例：使用Cloth修改器制作布料撕裂动画

10.3.2实例：使用"流体"动力学制作倒入酒水动画

10.3.3实例：使用"流体"动力学制作果酱挤出动画

11.3综合实例：制作卧室效果图

11.4综合实例：制作海报

LY

从新手到高手

AI + 3ds Max 2025
从新手到高手 （微课版）

来阳 / 编著

清华大学出版社

北京

内 容 简 介

本书是一本主讲如何借助 AI 绘画软件 Stable Diffusion 提供创意思路，然后使用中文版 3ds Max 2025 软件来进行三维动画制作的技术读物。全书共 11 章，包括 3ds Max 软件的界面组成、模型制作、灯光技术、摄影机技术、材质纹理、动画技术、粒子系统、动力学动画及三维与 AI 软件结合使用的综合实例。本书结构清晰、内容全面、通俗易懂，各章均设计了相对应的实用案例，并详细阐述了制作原理及操作步骤，注重提升读者的软件实际操作能力。另外，本书附带的教学资源内容丰富，包括本书所有案例的工程文件、贴图文件和多媒体教学录像，便于读者学以致用。

本书非常适合作为高校和培训机构动画专业的相关课程教材，也可以作为广大三维动画爱好者的自学参考用书。另外，本书内容采用 3ds Max 2025 版本进行设计制作，请读者注意。

图书在版编目 (CIP) 数据

AI+3ds Max 2025 从新手到高手：微课版 / 来阳编
著 . -- 北京：清华大学出版社，2024.8. -- (从新手
到高手). -- ISBN 978-7-302-67158-9

Ⅰ . TP391.413

中国国家版本馆 CIP 数据核字第 202457253T 号

责任编辑：陈绿春
封面设计：潘国文
版式设计：方加青
责任校对：胡伟民
责任印制：宋　林

出版发行：清华大学出版社
　　　　网　　　址：https://www.tup.com.cn, https://www.wqxuetang.com
　　　　地　　　址：北京清华大学学研大厦 A 座　　　　　　邮　　编：100084
　　　　社 总 机：010-83470000　　　　　　　　　　　　邮　　购：010-62786544
　　　　投稿与读者服务：010-62776969, c-service@tup.tsinghua.edu.cn
　　　　质 量 反 馈：010-62772015, zhiliang@tup.tsinghua.edu.cn
印 装 者：北京联兴盛业印刷股份有限公司
经　　销：全国新华书店
开　　本：188mm×260mm　　　印　张：14　　　插　页：4　　　字　数：475 千字
版　　次：2024 年 10 月第 1 版　　　印　次：2024 年 10 月第 1 次印刷
定　　价：99.00 元

产品编号：107987-01

我以前是动画公司的一线动画师，现在是一名高校教师。不同的工作岗位让我对三维技术有了全新的认知与思考。多年来，我常常思考的问题并不是为学生解决技术上的问题，而是让学生对三维动画技术有一个全面的认知与了解。

很多人认为学习三维动画仅仅是学习软件技术，这种想法并不全面。任何一款动画软件都不可能脱离其他学科知识的辅助来单独学习，例如建模、材质、灯光、摄影机这几项技术分别对学生的造型能力、色彩认知、光影关系和审美构图有相关的美术功底要求，如果学生在这几方面的美术能力很高，那么学习这几项三维技术将如鱼得水、游刃有余。不论是使用软件制作室内空间表现效果图、园林景观效果图、产品广告、影视特效还是游戏美术表现，都需要学生先掌握好相关专业的其他学科知识。所以，想学好三维动画软件，对于学生专业背景知识的掌握是有一定要求的。

随着AI绘画技术的普及，本书在讲解3ds Max 2025软件使用方法的同时，还讲解了一些与AI绘画有关的技巧与应用。AI绘画软件不但可以为我们提供一些创意思路，还可以对渲染出来的三维图像作品进行重绘以得到更加有趣的图像作品。

本书的配套资源包括工程文件及视频教学文件，请扫描下面的二维码进行下载，如果有技术性问题，请扫描下面的技术支持二维码，联系相关人员进行解决。如果在配套资源下载过程中碰到问题，请联系陈老师，联系邮箱：chenlch@tup.tsinghua.edu.cn。

配套资源

技术支持

由于作者时间精力有限，本书难免有些许不妥之处，还请读者朋友们海涵雅正。最后，非常感谢读者朋友们选择本书，希望你们能在阅读本书之后有所收获。

来阳

2024年5月

CONTENTS 目 录

第1章　熟悉中文版3ds Max 2025

第2章　几何体建模

第3章　图形建模

第4章 多边形建模

第5章 灯光技术

第6章 摄影机技术

第7章 材质与贴图

第 10 章　动力学动画

第 11 章　渲染与 AI 绘画

第 1 章

熟悉中文版 3ds Max 2025

1.1
中文版 3ds Max 2025 概述

当前，科技行业发展迅猛，计算机的软硬件逐年更新，其用途早已不仅仅局限于办公，越来越多的可视化产品凭借这一平台飞速地融入人们的生活中来。人们通过家用计算机不但可以游戏娱乐，还可以完成以往只能在高端配置的工作站上才能制作出来的数字媒体产品项目。越来越多的高校也已开始注重计算机软件在各专业中的应用，并逐步将计算机课程分别安排在不同学期，以帮助学生更好地完成本专业的课程学习计划。

中文版3ds Max 2025是欧特克公司出品的专业三维动画软件，也是国内应用最广泛的专业三维动画软件之一，旨在为广大三维动画师提供功能丰富、强大的动画工具来制作优秀的动画作品。通过对该软件的多种动画工具组合使用，使得场景看起来更加生动，角色看起来更加真实，其内置的动力学技术模块则可以为场景中的对象进行逼真而细腻的动力学动画计算，从而为三维动画师节省大量的工作步骤及时间，极大地提高动画的精准程度。3ds Max 2025软件在动画制作业界中声名显赫，是电影级别的高端制作软件，其强大的动画制作功能和友好便于操作的工作方式使得其得到了广大公司及艺术家的高度青睐。图1-1所示为3ds Max 2025的软件启动显示界面。

图1-1

启动中文版3ds Max 2025软件时，系统会自动弹出"注意"对话框，如图1-2所示。提示用户3ds Max 2025的其中一项重要更新是更改了默认的颜色管理模式，将传统的Gamma更改为OpenColorIO，使用ACEScg作为渲染颜色空间。

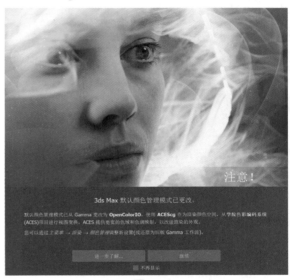

图1-2

1.2
中文版 3ds Max 2025 的应用范围

中文版3ds Max 2025可以为产品展示、建筑表现、园林景观设计、游戏、电影和运动图形的设计人员提供一套全面的 3D 建模、动画、渲染以及合成的解决方案，应用领域非常广泛。图1-3～图1-6所示为笔者使用该软件制作出来的一些三维图像作品。

图1-3

图1-7

图1-4

图1-8

图1-5

1.3
中文版 3ds Max 2025 的工作界面

安装好3ds Max 2025软件后，可以通过双击桌面上的 图标来启动英文版的3ds Max 2025软件。3ds Max 2025还为用户提供了多种不同语言显示的版本，在"开始"菜单中执行"Autodesk"｜"3ds Max 2025-Simplified Chinese"命令，如图1-9所示，可以启动中文版的3ds Max 2025程序。

图1-6

随着AI绘画软件的普及，将3ds Max 制作出的渲染作品导入Stable Diffusion软件，还可以制作出一些有趣的风格化AI绘画作品，如图1-7和图1-8所示。

图1-9

学习使用中文版3ds Max 2025时，首先应熟悉软件的操作界面与布局，为以后的创作打下基础。图1-10所示为中文版3ds Max 2025软件打开之后的软件界面截图。

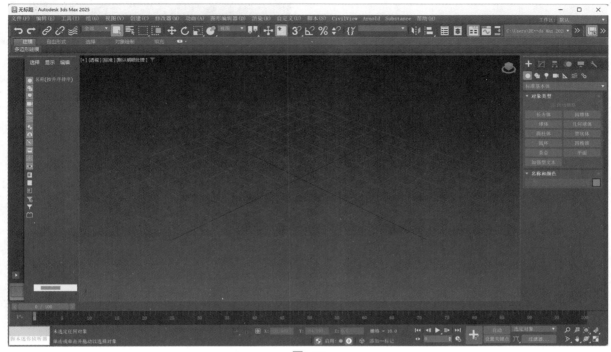

图1-10

1.3.1　欢迎屏幕

当用户打开3ds Max 2025时，系统会自动弹出"欢迎屏幕"，其中包含"软件概述""欢迎使用3ds Max""在视口中导航""场景安全改进"和"后续步骤"5个选项卡，以帮助新用户更好地了解及使用该软件。

1. "软件概述"选项卡

在"欢迎屏幕"对话框的第一个选项卡中显示的就是3ds Max的软件概述，如图1-11所示。

图1-11

2. "欢迎使用3ds Max"选项卡

在"欢迎使用3ds Max"选项卡中，则为用户简单介绍了3ds Max的界面组成结构，如"在此处登录""控制摄影机和视口显示""场景资源管理器""时间和导航"等，如图1-12所示。

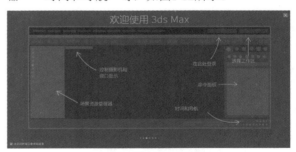

图1-12

3. "在视口中导航"选项卡

在"在视口中导航"选项卡中则提示了习惯Maya软件操作的用户可以使用"Maya模式"来进行3ds Max视图操作，如图1-13所示。

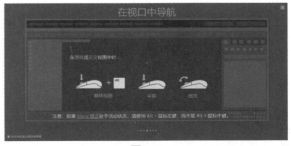

图1-13

3

4. "场景安全改进"选项卡

"场景安全改进"选项卡则对用户提示了"安全场景脚本执行"和"恶意软件删除"这两个新功能现在可以更好地保护用户的场景文件，如图1-14所示。

图1-14

5. "后续步骤"选项卡

在"后续步骤"选项卡中，3ds Max 2025为用户提供了"新增功能和帮助""样例文件""诚挚邀请您""教程和学习文章"以及"1分钟启动影片"来为新用户解决3ds Max 2025的基本操作问题，如图1-15所示。需要注意的是，这里的内容需要连接网络才可以使用。

图1-15

1.3.2 菜单栏

菜单栏位于标题栏的下方，包含3ds Max 2025软件中的所有命令，有文件、编辑、工具、组、视图、创建、修改器、动画、图形编辑器、渲染、自定义、脚本、Civil View、Arnold、Substance和帮助几个分类，如图1-16所示。

3ds Max 2025软件设置了大量的快捷键，以帮助用户在实际工作中简化操作方式并提高工作效率，打开下拉菜单时，就可以看到一些常用命令的后面显示有对应的快捷键提示，如图1-17所示。

无标题 - Autodesk 3ds Max 2025

文件(F)　编辑(E)　工具(T)　组(G)　视图(V)　创建(C)　修改器(M)　动画(A)　图形编辑器(D)　渲染(R)　自定义(U)　脚本(S)　CivilView　Arnold　Substance　帮助(H)

图1-16

图1-17

有些下拉菜单的命令后面带有省略号，表示使用该命令会弹出一个独立的对话框，如图1-18所示。

图1-18

下拉菜单的命令后面带有三角箭头图标，表示该命令还有子命令可选，如图1-19所示。

图1-19

下拉菜单中的部分命令为灰色不可使用状态，表示在当前的操作中，没有选择合适的对象可以使用该命令。例如当我们没有选择场景中的任何对象时，就无法激活"选择类似对象"和"选择实例"两个命令，如图1-20所示。

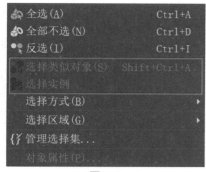

图1-20

1.3.3 主工具栏

主工具栏位于菜单栏下方，包含许多常用的常规命令图标，这些图标被多个垂直分隔线所隔开，如图1-21所示。

仔细观察主工具栏上的图标，如果我们看到有些图标的右下角有三角形的标志，那么则表示当前图标包含多个类似命令。切换其他命令时，长按当前图标，就可以将其他的命令显示出来，如图1-22所示。

图1-21

图1-22

工具解析

- ↶ "撤销"按钮：可取消上一次的操作。
- ↷ "重做"按钮：可取消上一次的"撤销"操作。
- ⚭ "选择并链接"按钮：用于将两个或多个对象链接成为父子层次关系。
- ⚮ "断开当前选择链接"按钮：用于解除两个对象之间的父子层次关系。
- ⚌ "绑定到空间扭曲"按钮：将当前选择附加到空间扭曲。
- 全部 ▼ "选择过滤器"下拉列表：可以通过此列表来限制选择工具选择的对象类型。
- ▣ "选择对象"按钮：可用于选择场景中的对象。
- ▤ "按名称选择"按钮：单击此按钮可打开"从场景选择"对话框，通过对话框中的对象名称来选择物体。
- ▣ "矩形选择区域"按钮：在矩形选区内选择对象。
- ◉ "圆形选择区域"按钮：在圆形选区内选择对象。
- ▤ "围栏选择区域"按钮：在不规则的围栏形状内选择对象。
- ◌ "套索选择区域"按钮：通过鼠标操作在

不规则的区域内选择对象。

- ▨ "绘制选择区域"按钮：将光标放在对象上方以绘制的方式来选择对象。
- ▣ "窗口/交叉"按钮：单击此按钮，可在"窗口"和"交叉"模式之间进行切换。
- ✛ "选择并移动"按钮：选择并移动所选的对象。
- ↻ "选择并旋转"按钮：选择并旋转所选的对象。
- ▣ "选择并均匀缩放"按钮：选择并均匀缩放所选择的对象。
- ▣ "选择并非均匀缩放"按钮：选择并以非均匀的方式缩放所选择的对象。
- ▣ "选择并挤压"按钮：选择并以挤压的方式缩放所选择的对象。
- ☝ "选择并放置"按钮：将对象准确地定位到另一个对象的表面。
- 视图 ▼ "参考坐标系"下拉列表：可以指定变换所用的坐标系，默认选项为"视图"。
- ▣ "使用轴点中心"按钮：可以围绕对象各自的轴点旋转或缩放一个或多个对象。
- ▣ "使用选择中心"按钮：可以围绕所选择对象共同的几何中心进行选择或缩放一个或多个对象。
- ▣ "使用变换坐标中心"按钮：围绕当前坐标系中心旋转或缩放对象。
- ✛ "选择并操纵"按钮：通过在视口中拖动"操纵器"来编辑对象的控制参数。
- ▣ "键盘快捷键覆盖切换"按钮：单击此按钮可以在"主用户界面"快捷键和组快捷键之间进行切换。

- 🔒 "捕捉开关"按钮：通过此按钮可以提供捕捉处于活动状态位置的3D空间的控制范围。
- 🔒 "角度捕捉开关"按钮：通过此按钮可以设置旋转操作时进行预设角度旋转。
- % "百分比捕捉开关"按钮：按指定的百分比增加对象的缩放。
- 🔒 "微调器捕捉开关"按钮：用于切换设置3ds Max中微调器的一次单击式增加或减少值。
- 🔒 "编辑命名选择集"按钮：单击此按钮可以打开"命名选择集"对话框。
- 创建选择集 ▼ "创建选择集"下拉列表：使用此列表可以调用选择集合。
- 🔒 "镜像"按钮：单击此按钮可以打开"镜像"对话框来详细设置镜像场景中的物体。
- 🔒 "对齐"按钮：将当前选择与目标选择进行对齐。
- 🔒 "快速对齐"按钮：可立即将当前选择的位置与目标对象的位置进行对齐。
- 🔒 "法线对齐"按钮：使用"法线对齐"对话框来设置物体表面基于另一个物体表面的法线方向进行对齐。
- 🔒 "放置高光"按钮：可将灯光或对象对齐到另一个对象上来精确定位其高光或反射。
- 🔒 "对齐摄影机"按钮：将摄影机与选定的面法线进行对齐。
- 🔒 "对齐到视图"按钮：通过"对齐到视图"对话框来将对象或子对象选择的局部轴与当前视口进行对齐。
- 🔒 "切换场景资源管理器"按钮：单击此按钮可打开"场景资源管理器-场景资源管理器"对话框。
- 🔒 "切换层资源管理器"按钮：单击此按钮可打开"场景资源管理器-层资源管理器"对话框。
- 🔒 "切换功能区"按钮：单击此按钮可显示或隐藏Ribbon工具栏。

- 🔒 "曲线编辑器"按钮：单击此按钮可打开"轨迹视图-曲线编辑器"面板。
- 🔒 "图解视图"按钮：单击此按钮可打开"图解视图"面板。
- 🔒 "材质编辑器"按钮：单击此按钮可打开"材质编辑器"面板。
- 🔒 "渲染设置"按钮：单击此按钮可打开"渲染设置"面板。
- 🔒 "渲染帧窗口"按钮：单击此按钮可打开"渲染帧窗口"。
- 🔒 "渲染产品"按钮：渲染当前激活的视图。

1.3.4　Ribbon 工具栏

Ribbon工具栏位于主工具栏下方，包含建模、自由形式、选择、对象绘制和填充5部分。

1. 建模

单击"显示完整的功能区"图标可以向下将Ribbon工具栏完全展开。执行"建模"命令，Ribbon工具栏就可以显示出与多边形建模相关的命令，如图1-23所示。当光标未选择几何体时，该命令区域呈灰色显示。

图1-23

当光标选择几何体时，单击相应图标进入多边形的子层级后，此区域可显示相应子层级内的全部建模命令，并以非常直观的图标形式可见。图1-24所示为多边形"顶点"层级内的命令图标。

2. 自由形式

执行"自由形式"命令，其内部的命令图标如图1-25所示。需选择物体才可激活相应图标命令显示，通过"自由形式"选项卡内的命令可以用绘制的方式来修改几何形体的形态。

图1-24

图1-25

3. 选择

执行"选择"命令，其内部的命令图标如图1-26所示。前提需要选择多边形物体并进入其子层级后可激活图标显示状态。未选择物体时，此命令内部为空。

图1-26

4. 对象绘制

执行"对象绘制"命令，其内部命令图标如图1-27所示。此区域的命令允许我们为光标设置一个模型，以绘制的方式在场景中或物体对象表面进行复制绘制。

图1-27

5. 填充

执行"填充"命令，可以快速制作大量人群走动和闲聊的场景。尤其是在建筑室内外的动画表现上，更少不了角色这一元素。角色不仅可以为画面添加活泼的生气，还可以作为所要表现建筑尺寸的重要参考依据。其内部命令图标如图1-28所示。

图1-28

1.3.5　场景资源管理器

通过停靠在软件界面左侧的"场景资源管理器"面板，我们不仅可以很方便地查看、排序、过滤和选择场景中的对象，还可以在这里重命名、删除、隐藏和冻结场景中的对象，如图1-29所示。

图1-29

1.3.6　工作视图

在3ds Max 2025的整个工作界面中，工作视图区域占据了软件的大部分界面空间，有利于工作的进行，如图1-30所示。

图1-30

技巧与提示：可以单击软件界面右下角的"最大化视口切换"按钮 将默认的一个视口区域切换至4个视口区域显示。

当视口区域为一个时，可以通过按下相应的快捷键来进行各操作视口的切换。

切换至顶视图的快捷键是T。

切换至前视图的快捷键是F。

切换至左视图的快捷键是L。

切换至透视图的快捷键是P。

当选择了一个视图时，可按开始+Shift组合键来切换至下一视图。

按V键，用户则可以在弹出的"切换视图"菜单中进行视图的切换，如图1-31所示。

图1-32

单击3ds Max 2025界面左下角的"创建新的视口布局选项卡"按钮，还可以弹出"标准视口布局"对话框，用户可以选择自己喜欢的布局视口进行工作，如图1-33所示。

图1-33

1.3.7　命令面板

3ds Max 2025软件界面的右侧即为"命令"面板。命令面板由"创建"面板、"修改"面板、"层次"面板、"运动"面板、"显示"面板和"实用"程序面板6个面板组成。

1．"创建"面板

在"创建"面板中，用户可以创建7种对象，分别是"几何体""图形""灯光""摄影机""辅助对象""空间扭曲"和"系统"，如图1-34所示。

图1-34

将光标移动至视口的左上方，在相应视口提示的字上单击，可弹出下拉列表，从中也可以选择即将要切换的操作视图。从此下拉列表中也可以看出"底"视图、"后"视图和"右"视图无快捷键设置，如图1-32所示。

工具解析

- ■ "几何体"：该类别下的工具不仅可以用来创建"长方体""椎体""球体""圆柱体"等基本几何体，还可以创建出如"门""窗""楼梯""栏杆""植物"等建筑对象。
- ■ "图形"：该类别下的工具主要用来创建各种各样的曲线。
- ■ "灯光"按钮：该类别下的工具主要用来创建灯光。
- ■ "摄影机"按钮：该类别下的工具主要用来创建摄影机。
- ■ "辅助对象"按钮：该类别下的工具主要用来创建辅助对象。
- ■ "空间扭曲"按钮：该类别下的工具主要用来创建空间扭曲对象。
- ■ "系统"按钮：该类别下的工具主要用来创建骨骼对象及灯光对象。

2. "修改"面板

在"修改"面板中，用户可以调整所选择对象的修改参数，当光标未选择任何对象时，此面板里命令为空，如图1-35所示。

图1-35

3. "层次"面板

在"层次"面板中，用户可以调整对象间的层次链接关系，如图1-36所示。

图1-36

工具解析

- "轴"按钮：该按钮下的参数主要用来调整对象和修改器中心位置，以及定义对象之间

的父子关系和反向动力学IK的关节位置等。
- IK按钮：该按钮下的参数主要用来设置动画的相关属性。
- "链接信息"按钮：该按钮下的参数主要用来限制对象在特定轴中的变换关系。

4. "运动"面板

在"运动"面板中，用户可以调整选定对象的运动属性，如图1-37所示。

图1-37

5. "显示"面板

在"显示"面板中，用户可以设置场景中对象的显示、隐藏、冻结等属性，如图1-38所示。

图1-38

6. "实用程序"面板

在"实用程序"面板中，用户可以选择里面的程序来辅助项目的制作，如图1-39所示。

图1-39

1.3.8 时间滑块和轨迹栏

时间滑块位于视口区域的下方，是用来拖动以显示不同时间段内场景中物体对象的动画状态。默认状态下，场景中的时间帧数为100帧，帧数值可根据将来的动画制作需要随意更改。当我们按住时间滑块时，可以在轨迹栏上迅速拖动以查看动画的设置，在轨迹栏内的动画关键帧可以很方便地进行复制、移动及删除操作，如图1-40所示。

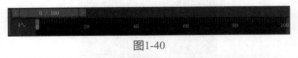

图1-40

技巧与提示：按组合键：Ctrl+Alt+鼠标左键，可以保证时间轨迹右侧的帧位置不变而更改左侧的时间帧位置。

按组合键：Ctrl+Alt+鼠标中键，可以保证时间轨迹的长度不变而改变两端的时间帧位置。

按组合键：Ctrl+Alt+鼠标右键，可以保证时间轨迹左侧的帧位置不变而更改右侧的时间帧位置。

1.3.9 提示行和状态栏

提示行和状态栏可以显示出当前有关场景和活动命令的提示和操作状态。它们位于时间滑块和轨迹栏的下方，如图1-41所示。

图1-41

1.3.10 动画控制区

动画控制区具有可以用于在视口中进行动画播放的时间控件。使用这些控件可随时调整场景文件中的时间来播放并观察动画，如图1-42所示。

图1-42

工具解析

- ⏮ "转至开头"按钮：转至动画的初始位置。
- ◀⏸ "上一帧"按钮：转至动画的上一帧。
- ▶ "播放动画"按钮：按下后会变成停止动画的按钮图标。
- ⏸▶ "下一帧"按钮：转至动画的下一帧。
- ⏭ "转至结尾"按钮：转至动画的结尾。

- ◀▶ "关键点模式切换"按钮：用于切换关键点模式。
- 0 帧显示：当前动画的时间帧位置。
- "时间配置"按钮：单击弹出"时间配置"对话框，可以进行当前场景内动画帧数的设定等操作。
- ➕ "设置关键点"按钮：单击可以为所选对象添加关键点。
- 自动 "自动"按钮：单击进入"自动关键点模式"。
- 设置关键点 "设置关键点"按钮：单击进入"设置关键点模式"。
- ⺇ "新建关键点的默认入/出切线"按钮：可设置新建动画关键点的默认内/外切线类型。
- 过滤器... "打开过滤器对话框"按钮：关键点过滤器可以设置所选择物体的哪些属性可以设置关键帧。

1.3.11 视口导航

视口导航区域允许用户使用这些按钮在活动的视口中导航场景，位于3ds Max 2025界面的右下方，如图1-43所示。

图1-43

工具解析

- 🔍 "缩放"按钮：控制视口的缩放，使用该工具可以在透视图或正交视图中通过拖曳鼠标的方式来调整对象的显示比例。
- "缩放所有视图"按钮：使用该工具可以同时调整所有视图中对象的显示比例。
- "最大化显示选定对象"按钮：最大化显示选定的对象，快捷键为Z。
- "所有视图最大化显示选定对象"按钮：在所有视口中最大化显示选定的对象。
- ▷ "视野"按钮：控制在视口中观察的"视野"。
- "平移视图"按钮：平移视图工具，快捷键为鼠标中键。
- "环绕子对象"按钮：单击此按钮可以进行环绕视图操作。
- "最大化视口切换"按钮：控制一个视口与多个视口的切换。

1.4 软件基础操作

本节主要讲解中文版3ds Max 2025软件的基础操作知识。

1.4.1 基础知识：更改软件界面颜色

本例主要演示加载自定义用户界面方案的操作方法。

01 启动中文版3ds Max 2025软件，可以看到软件的默认界面颜色为深灰色，如图1-44所示。

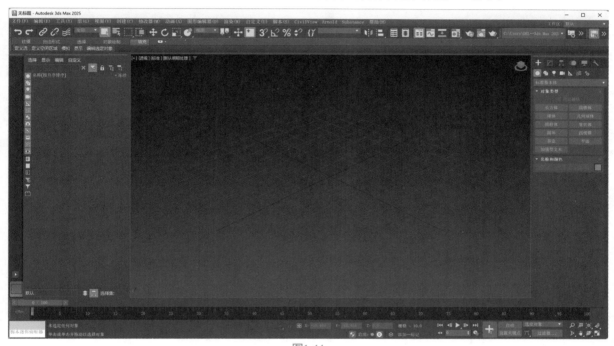

图1-44

02 执行"自定义"|"加载自定义用户界面方案"命令，如图1-45所示。

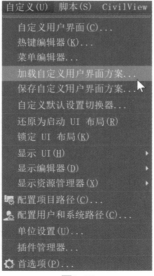

图1-45

03 在弹出的"加载自定义用户界面方案"对话框中选择"ame-light.ui"文件后，单击"打开"按钮，如图1-46所示。

图1-46

04 这时，系统还会自动弹出"加载自定义用户界面方案"对话框，提示用户需要重新启动软件，如图1-47所示。

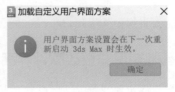

图1-47

05 重新启动3ds Max 2025软件后，软件的界面颜色更改为浅灰色，看起来显得明亮了许多，如图1-48所示。

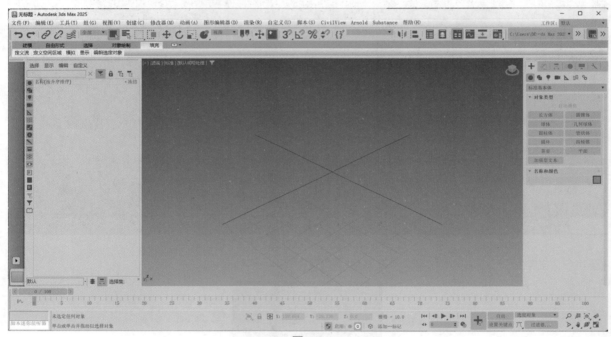

图1-48

技巧与提示：由于浅灰色的界面看起来显得更加清晰，故本书以浅灰色界面进行软件讲解。

1.4.2 基础知识：视图控制

本例主要演示平移视图、旋转视图及视图切换的操作方法。

01 启动中文版3ds Max 2025软件，单击"茶壶"按钮，如图1-49所示。在场景中创建一个茶壶模型，如图1-50所示。

图1-49

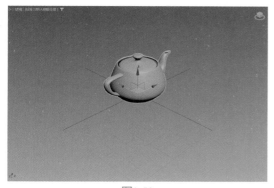

图1-50

02 按住鼠标中键进行拖动，即可平移视图来观察场景中的对象，如图1-51所示。

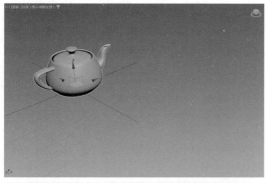

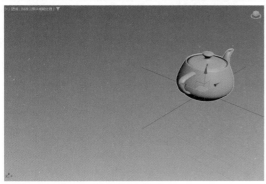

图1-51

03 来回滚动鼠标中键，即可实现视图的推近或拉远，如图1-52所示。

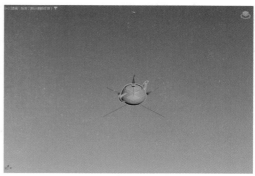

图1-52

04 按住Alt+鼠标中键，则可以实现视图的旋转，进而从其他角度来观察场景中的对象，如图1-53所示。

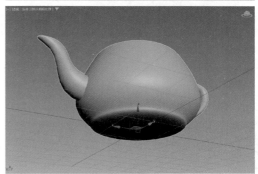

图1-53

05 按F3键，可以在"线框"模式下观察场景中的对象，如图1-54所示。再次按F3键，可以切换回"默认明暗处理"模式，如图1-55所示。

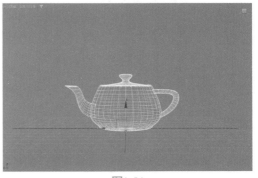

图1-54

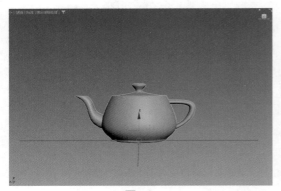

图1-55

06 按F4键，可以在"边面"模式下观察场景中的对象，如图1-56所示。再次按F4键，可以切换回"默认明暗处理"模式。

图1-56

07 按Alt+X组合键，则可以将物体显示为半透明效果，如图1-57所示，再次按Alt+X组合键，则退出半透明效果显示状态。

图1-57

1.4.3 基础知识：窗口与交叉模式选择

本例主要演示框选物体及"窗口/交叉"图标的操作方法。

01 启动中文版3ds Max 2025软件，单击"创建"面板中的"球体"按钮，如图1-58所示。

图1-58

02 在场景中任意位置处创建3个球体模型，如图1-59所示。

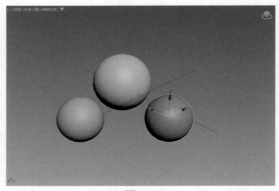

图1-59

技巧与提示：在3ds Max软件中，每次创建出来的物体颜色都是随机的。

03 默认状态下，3ds Max 2025软件的"窗口/交叉"图标为"交叉"状态，如图1-60所示。

图1-60

04 我们在视图中通过单击并拖动光标的方式来框选对象时，仅仅需要框住所选对象的一部分，即可选中该对象，如图1-61所示。

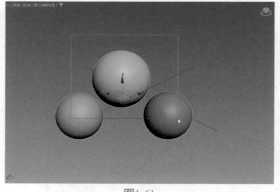

图1-61

05 单击"窗口/交叉"图标可将选择的方式切换至"窗口"状态，如图1-62所示。

图1-62

06 再次在视口中通过单击并拖动光标的方式来选择对象，这时我们发现只能将三个球体全部框选后才能够选中它们，如图1-63所示。

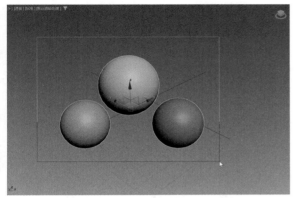

图1-63

07 除了在主工具栏上可以切换"窗口"与"交叉"选择的模式，也可以像在AutoCAD软件中那样根据光标的选择方向自动在"窗口"与"交叉"之间进行选择上的切换。执行"自定义"|"首选项"命令，如图1-64所示。

图1-64

08 在弹出的"首选项设置"面板中，在"常规"选项卡下的"场景选择"选项组里，勾选"按方向自动切换窗口/交叉"复选框即可，如图1-65所示。

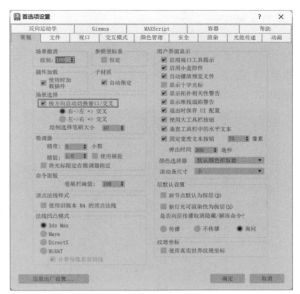

图1-65

1.4.4　基础知识：复制对象

本实例主要演示复制对象及间隔工具的操作方法。

01 启动中文版3ds Max 2025软件，单击"茶壶"按钮，如图1-66所示。在场景中创建一个茶壶模型，如图1-67所示。

图1-66

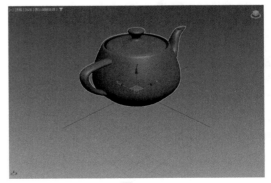

图1-67

02 按住Shift键，使用"移动工具"以拖动的方式即可复制出一个新的茶壶模型，如图1-68所示。复制的同时，还会弹出"克隆选项"对话框，如图1-69所示，在这里可以通过"副本数"来设置复制对象的数量。

03 单击"创建"面板中的"圆"按钮，如图1-70所示。

图1-72

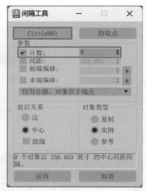

图1-73

图1-68

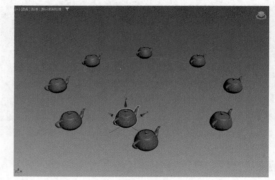

图1-74

07 勾选"跟随"复选框，如图1-75所示。该选项还会影响复制出来茶壶模型的旋转方向，如图1-76所示。

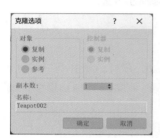

图1-69

图1-70

图1-75

04 在场景中创建一个圆形图形，如图1-71所示。

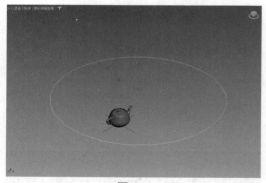

图1-71

05 选择场景中的茶壶模型，执行"工具"|"对齐"|"间隔工具"命令，在系统自动弹出的"间隔工具"面板中，单击"拾取路径"按钮，如图1-72所示。

06 单击场景中的圆形图形，这样，圆形图形的名称将会出现在按钮之上，接下来，设置"计数"的值为9，如图1-73所示，即可得到如图1-74所示的茶壶模型。

图1-76

第 2 章
几何体建模

2.1
几何体概述

3ds Max 2025为用户提供了大量的几何体按钮供用户在建模初期使用，这些按钮被集中设置在"创建"面板中下设的第1个分类——"几何体"当中，如图2-1所示，熟练掌握这些工具有助于我们创建出更多的复杂模型。

图2-1

2.2
标准基本体

3ds Max一直以来都为用户提供了一整套标准基本体工具以解决简单形体的构建。通过这一系列基础形体资源，可以使得我们非常容易地在场景中以拖曳的方式创建出简单的几何体，如长方体、圆锥体、球体、圆柱体等。这一建模方式作为3ds Max 2025中最简单的几何形体建模，是非常易于学习和操作的。

2.2.1　基础知识：创建圆柱体模型

本例主要演示创建基本几何体及修改几何体属性的操作方法。

01 启动中文版3ds Max 2025软件，单击"创建"面板中的"圆柱体"按钮，如图2-2所示。

图2-2

02 在场景中任意位置处创建一个圆柱体模型，如图2-3所示。

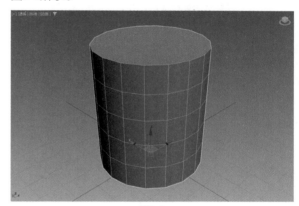

图2-3

03 在"修改"面板中，设置圆柱体的"半径"为30、"高度"为45，如图2-4所示。

图2-4

04 执行"自定义"|"单位设置"命令，在弹出的"单位设置"对话框中，选中"公制"单选按钮，设置显示单位为"厘米"后，单击"系统单位设置"按钮，如图2-5所示。

图2-5

05 在弹出的"系统单位设置"对话框中，设置"1单位=1厘米"，如图2-6所示。

图2-6

06 设置完成后，在"修改"面板中，即可看到圆柱体的"半径"和"高度"属性也对应地显示出了单位，如图2-7所示。

图2-7

07 取消勾选"平滑"复选框，如图2-8所示。可以看到视图中的圆柱体显示状态如图2-9所示。

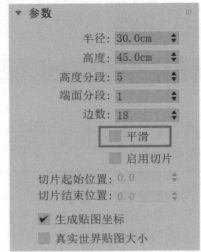

图2-8

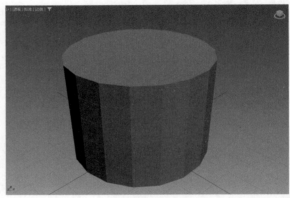

图2-9

08 勾选"启用切片"复选框后，设置"切片起始位置"为0，设置"切片结束位置"为30，如图2-10所示。可以得到如图2-11所示的模型结果。

图2-10

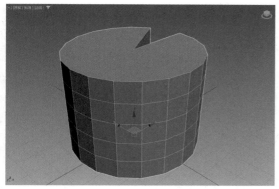

图2-11

09 勾选"平滑"复选框，取消勾选"启用切片"复选框后，设置"边数"为50，如图2-12所示，则可以得到截面更加圆滑的圆柱体模型，如图2-13所示。

图2-12

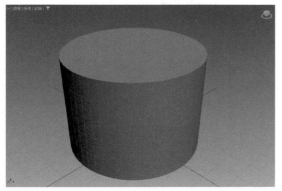

图2-13

技巧与提示： 标准基本体里其他几何体的创建方法与创建圆柱体的方法非常类似，读者可以自行尝试在场景中创建其他几何体并进行修改。

2.2.2 实例：制作石膏模型

本实例主要讲解使用"标准基本体"内所提供的多个几何体按钮来制作一组石膏模型，模型的渲染效果如图2-14所示。

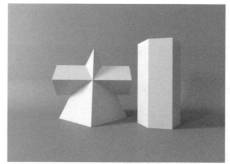

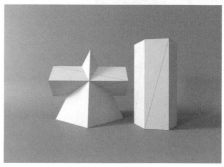

图2-14

01 启动中文版3ds Max 2025软件，在"创建"面板中，单击"四棱锥"按钮，如图2-15所示，在场景中创建一个四棱锥模型。

图2-15

02 在"修改"面板中，设置"宽度"为40、"深度"为40、"高度"为60，如图2-16所示。

图2-16

03 设置完成后，四棱锥在视图中的显示结果如图2-17所示。

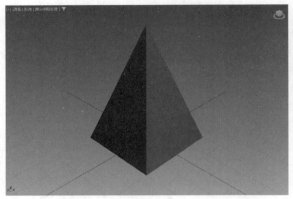

图2-17

04 在"创建"面板中单击"长方体"按钮，如图2-18所示，在场景中创建一个长方体模型。

图2-18

05 选择长方体，在"修改"面板中，设置"长度"为60、"宽度"为18、"高度"为18，如图2-19所示。

图2-19

06 设置完成后，按A键，打开"角度捕捉切换"功能，旋转长方体的角度并调整长方体的位置至图2-20所示，制作出十字方锥石膏单体。

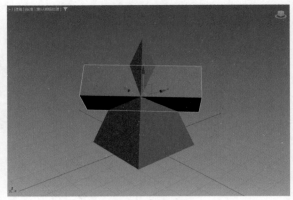

图2-20

07 在"创建"面板中单击"圆柱体"按钮，如图2-21所示，在场景中创建一个圆柱体模型。

图2-21

08 选择圆柱体，在"修改"面板中，设置"半径"为15、"高度"为60、"高度分段"为1、"端面分段"为1、"边数"为6，并取消勾选"平滑"复选框，如图2-22所示。

图2-22

09 设置完成后，调整圆柱体的位置至图2-23所示。

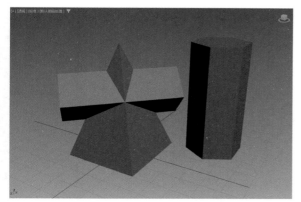

图2-23

技巧与提示：读者还可以尝试使用其他的几何体来制作简单的石膏模型。此外，有关材质及灯光方面的知识，请读者阅读本书相关章节进行学习。

2.3
建筑对象

3ds Max 2025除了为用户提供了一些简单的几何形体工具，还提供了一些用于工程建模的建筑对象工具，例如门、窗户、楼梯、栏杆、墙以及植物模型，使得设计师通过调节少量的参数即可快速制作出符合行业标准的建筑模型，如图2-24~图2-27所示。

图2-24

图2-25

图2-26

图2-27

2.3.1 实例：制作门模型

本实例主要讲解如何使用"枢轴门"按钮制作一个门模型，模型的渲染效果如图2-28所示。

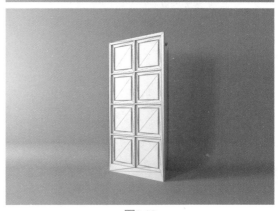

图2-28

01 启动中文版3ds Max 2025软件，在"创建"面板中，单击"枢轴门"按钮，如图2-29所示，在场景中创建出一个门模型，如图2-30所示。

图2-29

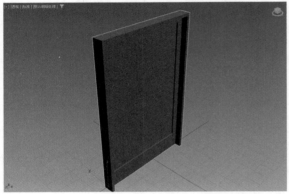

图2-30

02 选择门模型，在"修改"面板中，设置"高度"为200、"宽度"为90、"深度"为15，如图2-31所示。设置完成后，得到的门模型显示结果如图2-32所示。

图2-31

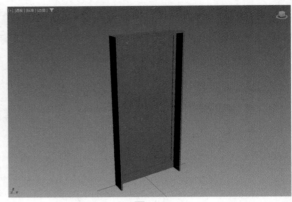

图2-32

03 在"页扇参数"卷展栏中，设置"厚度"为5、"水平窗格数"为2、"垂直窗格数"为4。在"镶板"组内选中"有倒角"单选按钮后，设置"厚度2"为3、"宽度1"为5，如图2-33所示。设置完成后，得到的门模型显示结果如图2-34所示。

图2-33

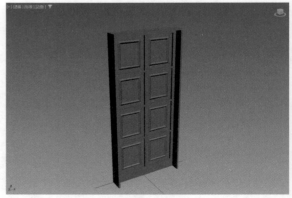

图2-34

04 在"参数"卷展栏内，设置"打开"为30度数，如图2-35所示。

图2-35

05 这样，我们就制作完成了一个门打开的模型，如图2-36所示。

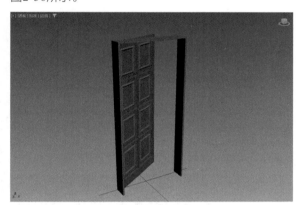

图2-36

2.3.2　实例：制作螺旋楼梯模型

本实例主要讲解如何使用"螺旋楼梯"按钮制作一个螺旋楼梯模型，模型的渲染效果如图2-37所示。

图2-37

01 启动中文版3ds Max 2025软件，在"创建"面板中，单击"螺旋楼梯"按钮，如图2-38所示，在场景中创建出一段螺旋楼梯的模型，如图2-39所示。

图2-38

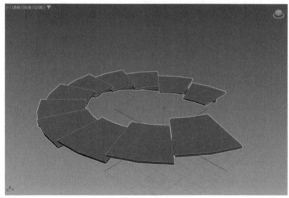

图2-39

02 在"参数"卷展栏中，在"类型"组中，设置"类型"为"封闭式"。在"生成几何体"组中，勾选"侧弦"、"中柱"、"扶手"的"内表面"和"外表面"复选框。在"布局"组中，设置楼梯的"半径"为200、"旋转"为1、"宽度"为120。在"梯级"组中，设置"竖板高"为20、"竖版数"为24，如图2-40所示。

图2-40

03 设置完成后，螺旋楼梯的形态如图2-41所示。

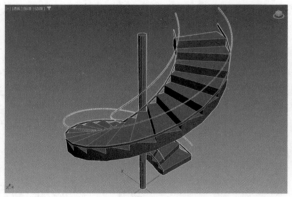

图2-41

04 在"侧弦"卷展栏中，设置"深度"为40、"宽度"为6、"偏移"为0，调整侧弦结构的细节，如图2-42所示。

图2-42

05 在"中柱"卷展栏中，设置"半径"为20、"分段"为30，如图2-43所示。

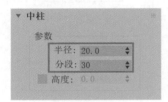

图2-43

06 在"栏杆"卷展栏中，设置"高度"为80、"偏移"为0、"分段"为8、"半径"为3，如图2-44所示。

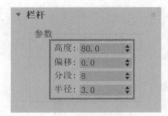

图2-44

07 螺旋楼梯的最终模型效果如图2-45所示。

图2-45

第 3 章
图形建模

3.1
图形建模概述

在3ds Max 2025中，有多种预先设计好的二维图形工具，几乎包含了所有常用的图形类型。使用这些工具在制作某些特殊造型的模型时会让人觉得非常简便，这种使用图形工具来制作模型的方法就是图形建模。图3-1和图3-2所示均为使用图形建模技术制作出来的模型效果。

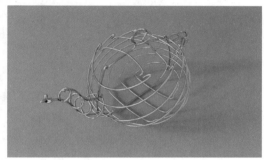

图3-1

图3-2

3.2
样条线

"创建"面板中的第2个分类就是"图形"，我们使用这些工具可以绘制出各种各样的二维图形，如图3-3所示。

图3-3

3.2.1　基础知识：创建矩形图形

本例主要演示创建矩形图形的操作方法。

01 启动中文版3ds Max 2025软件，单击"矩形"按钮，如图3-4所示，在场景中创建一个矩形图形，如图3-5所示。

图3-4

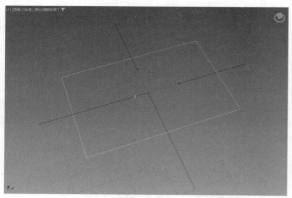

图3-5

02 在"参数"卷展栏中，设置"长度"为60、"宽度"为60，如图3-6所示。这样，矩形图形就变成一个正方形图形，如图3-7所示。

图3-6

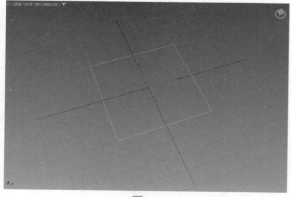

图3-7

03 设置"角半径"为10，如图3-8所示。得到了一个带圆角效果的方形图形，如图3-9所示。

图3-8

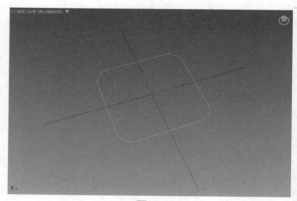

图3-9

04 在"渲染"卷展栏中，勾选"在渲染中启用"和"在视口中启用"复选框，设置"厚度"为3，如图3-10所示。

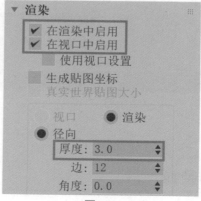

图3-10

05 设置完成后，可以看到圆角矩形图形显示出线条的"厚度"效果，如图3-11所示。

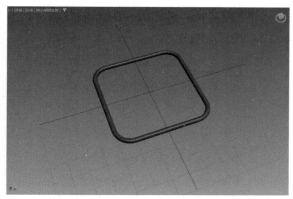

图3-11

技巧与提示：读者可以自行尝试使用"圆""椭圆""弧""多边形"等其他按钮在场景中绘制对应的图形来熟悉这些工具的使用方法。

3.2.2　基础知识：创建文本图形

本实例主要演示创建文本图形的操作方法。

01 启动中文版3ds Max 2025软件，单击"文本"按钮，如图3-12所示，在"前"视图中创建一个文本图形，如图3-13所示。

图3-12

图3-13

02 在"参数"卷展栏中，在"文本"文本框内输入"迎春"，如图3-14所示。

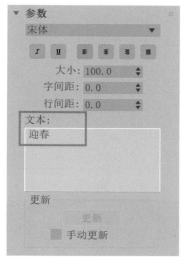

图3-14

03 设置完成后，文本图形的视图显示结果如图3-15所示。

图3-15

04 选择文本图形，在"修改"面板中，为其添加"倒角"修改器，如图3-16所示。

图3-16

05 在"倒角值"卷展栏中，设置"倒角"修改器的参数至图3-17所示，即可得到一个边缘带有倒角效果的立体文字模型，如图3-18所示。

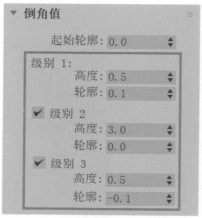

图3-17

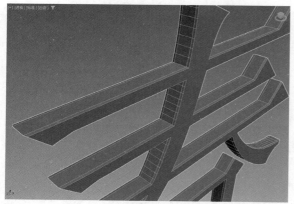

图3-18

06 本实例的最终模型效果如图3-19所示。

图3-19

3.2.3 基础知识：创建截面图形

本例主要演示创建截面图形的操作方法。

01 启动中文版3ds Max 2025软件，单击"创建"面板中的"茶壶"按钮，如图3-20所示，在场景中任意位置处创建一个茶壶模型。

图3-20

02 在"修改"面板中，设置"半径"为30、"分段"为20，如图3-21所示。设置完成后，茶壶模型的视图显示结果如图3-22所示。

图3-21

图3-22

03 单击"创建"面板中的"截面"按钮，在场景中创建一个截面对象，如图3-23所示。

图3-23

04 在"前"视图中调整截面对象的位置和旋转方向至图3-24所示。

图3-24

05 在"修改"面板中，单击"创建图形"按钮，如图3-25所示。这时，系统会自动弹出"命名截面图形"对话框，单击"确定"按钮，如图3-26所示，即可根据截面的位置及角度在茶壶模型表面生成一个新的图形。

图3-25

图3-26

06 重复以上操作步骤，制作出如图3-27所示的图形效果。

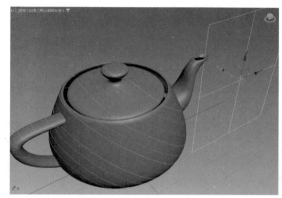

图3-27

07 删除茶壶模型和截面，创建出来的图形显示效果如图3-28所示。

图3-28

08 删除场景中的截面对象和茶壶模型，并将所有截面曲线合并为一个图形，如图3-29所示。

图3-29

09 在"渲染"卷展栏中，勾选"在渲染中启用"和"在视口中启用"复选框，如图3-30所示。

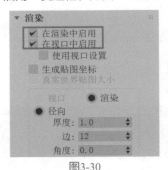

图3-30

10 一个由线构成的茶壶模型就制作完成了，如图3-31所示。

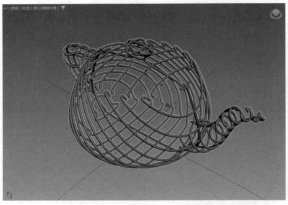

图3-31

3.3
编辑样条线

3ds Max 2025提供的样条线对象，不管是规则图形还是不规则图形，都可以被塌陷成一个可编辑样条线对象。在执行了塌陷操作之后，参数化的图形将不能再访问之前的创建参数，其属性名称在堆栈中也会变为"可编辑样条线"，并拥有3个子对象层级，分别是"顶点""线段"和"样条线"，如图3-32所示。接下来通过几个实例学习使用图形建模技术制作一些形体简单的模型。

图3-32

在学习图形建模技术之前，我们可以先使用AI绘画软件Stable Diffusion绘制几幅图像来当作实例的参考图。由于AI绘画软件的随机性特点，读者即使输入与本例相同的提示词也不会得到一模一样的图像效果，但是可以得到内容较为接近的图像。

3.3.1 基础知识：使用 Stable Diffusion 绘制产品参考图

本例主要演示在Stable Diffusion中使用文生图绘制AI图像的操作方法。

01 在"模型"选项卡中，单击"ReV Animated"模型，如图3-33所示，并将其设置为"Stable Diffusion模型"。

02 在"文生图"选项卡中输入中文提示词"红酒杯"后，按Enter键则可以生成对应的英文"wine glass,"，如图3-34所示。

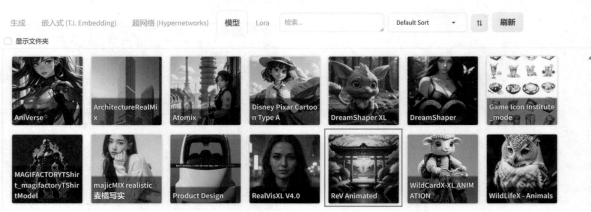

图3-33

图3-34

03 在"生成"选项卡中，设置"迭代步数（Steps）"为30、"总批次数"为2，如图3-35所示。

图3-35

04 单击"生成"按钮，绘制出来的酒杯图像效果如图3-36所示。

图3-36

05 删除提示词"红酒杯"，重新输入中文提示词"花瓶"后，按Enter键则可以生成对应的英文vase，如图3-37所示。

图3-37

06 重绘图像，绘制出来的花瓶图像效果如图3-38
所示。

图3-38

3.3.2 实例：制作酒杯模型

本实例主要讲解如何使用图形建模技术制作一
个酒杯模型，模型的渲染效果如图3-39所示。

图3-39

01 启动中文版3ds Max 2025软件，在"创建"面板
中，单击"线"按钮，如图3-40所示。

图3-40

02 在"前"视图中绘制出酒杯的大概轮廓，如图3-41
所示。

03 在"修改"面板中，进入"顶点"子层级，如
图3-42所示。

04 选择线上的所有顶点，如图3-43所示。

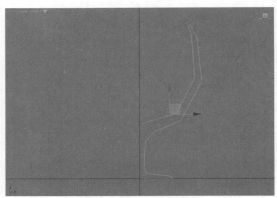

图3-41

图3-42

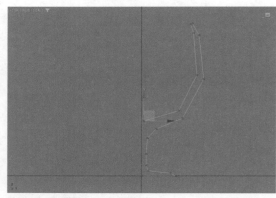

图3-43

05 右击并在弹出的"工具1"快捷菜单中执行"平
滑"命令，将所选择的点由默认的"角点"转换为
"平滑"，如图3-44所示。

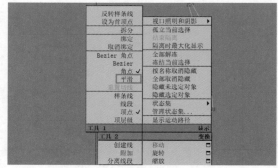

图3-44

06 转换完成后，调整曲线的形态至图3-45所示。

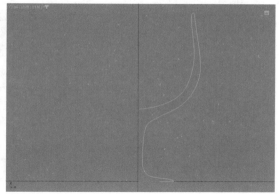

图3-45

07 选择曲线，在"修改"面板中，为其添加"车削"修改器，如图3-46所示，即可得到如图3-47所示的模型结果。

图3-46

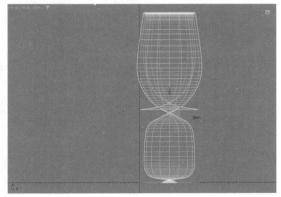

图3-47

08 在"参数"卷展栏中，设置"分段"为32，单击"最小"按钮，如图3-48所示。

09 设置完成后，杯子模型的视图显示效果如图3-49所示。

10 在"参数"卷展栏中，勾选"翻转法线"复选框，如图3-50所示。杯子模型的视图显示结果如图3-51所示。

图3-48

图3-49

图3-50

图3-51

11 旋转视图，观察杯子模型的底部，如图3-52所示。

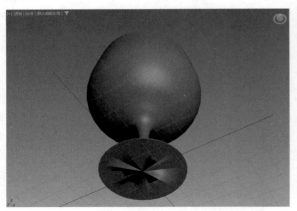

图3-52

12 在"参数"卷展栏中，勾选"焊接内核"复选框，如图3-53所示。杯子模型的视图显示结果如图3-54所示。

图3-53

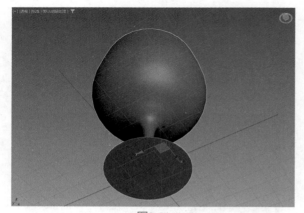

图3-54

13 本实例最终制作完成后的模型效果如图3-55所示。

图3-55

3.3.3 实例：制作花瓶模型

本实例主要讲解如何使用AI绘制出来的花瓶参考图，配合图形建模技术制作一个花瓶模型，模型的渲染效果如图3-56所示。

图3-56

01 启动中文版3ds Max 2025软件，在"创建"面板中，单击"平面"按钮，如图3-57所示。在"前"视图中创建一个平面模型。

图3-57

02 在"参数"卷展栏中，设置"长度"为100、"宽度"为100，如图3-58所示。

图3-58

03 设置完成后，平面模型的视图显示效果如图3-59所示。

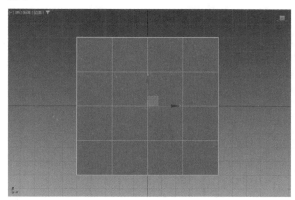

图3-59

04 在主工具栏上单击"材质编辑器"图标，如图3-60所示。

图3-60

05 在弹出的"材质编辑器"面板中，为平面模型指定新的材质，如图3-61所示。

06 在"基本参数"卷展栏中，单击"单击以拾取贴图（或放置贴图）"按钮，如图3-62所示。

07 在弹出的"材质/贴图浏览器"对话框中，双击"位图"贴图，如图3-63所示。

图3-61

图3-62

图3-63

08 浏览"花瓶.png"文件后，即可看到材质球上显示出来的贴图效果，单击"视口中显示明暗处理材质"按钮，如图3-64所示，即可在平面模型上显示出贴图效果，如图3-65所示。

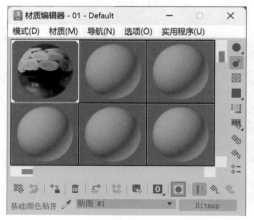

图3-64

图3-65

技巧与提示：本例中所使用的贴图文件为使用Stable Diffusion绘制出来的AI绘画作品，绘制方法可以参考3.3.1节的内容。

09 在"创建"面板中，单击"线"按钮，如图3-66所示。

图3-66

10 在"前"视图中，根据花瓶参考图绘制出花瓶的侧面线条，如图3-67所示。

图3-67

⑪ 选择线条上的所有顶点，如图3-68所示。

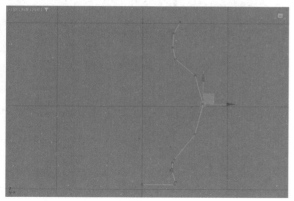

图3-68

⑫ 右击并在弹出的"工具1"快捷菜单中执行"Bezier角点"命令，如图3-69所示。

图3-69

⑬ 调整顶点两侧的手柄来更改曲线的弧度，制作出平滑的线条效果，如图3-70所示。

图3-70

⑭ 将平面模型隐藏后，选择曲线，在"修改"面板中，为其添加"车削"修改器，如图3-71所示，即可得到如图3-72所示的模型结果。

图3-71

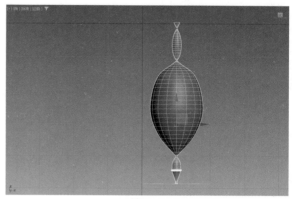

图3-72

⑮ 在"参数"卷展栏中，勾选"焊接内核"和"翻转法线"复选框，单击"最小"按钮，如图3-73所示。

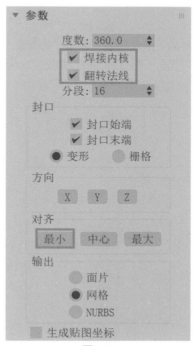

图3-73

⑯ 设置完成后，花瓶模型的视图显示效果如图3-74所示。

37

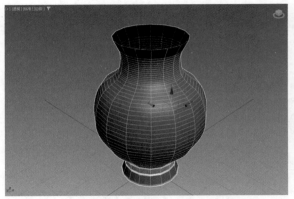

图3-74

17 在"修改"面板中，为其添加"壳"修改器，如图3-75所示。

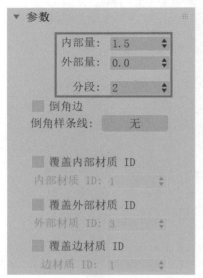

图3-75

18 在"参数"卷展栏中，设置"内部量"为1.5、"外部量"为0、"分段"为2，如图3-76所示。

图3-76

19 设置完成后，花瓶模型的视图显示效果如图3-77所示。

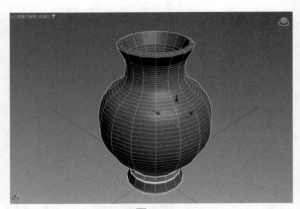

图3-77

20 在"修改"面板中，为其添加"涡轮平滑"修改器，如图3-78所示。

图3-78

21 在"涡轮平滑"卷展栏中，设置"迭代次数"为2，勾选"等值线显示"复选框，如图3-79所示。

图3-79

22 设置完成后，本实例制作完成的花瓶模型视图显示效果如图3-80所示。

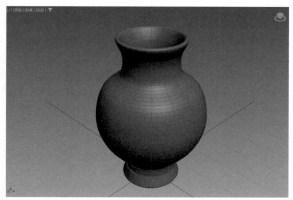

图3-80

3.3.4 实例：制作果盘模型

本实例主要讲解如何使用修改器制作一个果盘模型，模型的渲染效果如图3-81所示。

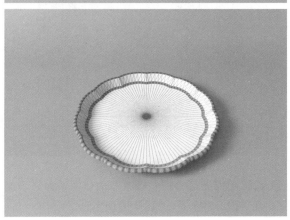

图3-81

01 启动中文版3ds Max 2025软件，在"创建"面板中单击"星形"按钮，如图3-82所示。在场景中绘制一个星形图形。

图3-82

02 在"参数"卷展栏中，进行如图3-83所示的相应设置。

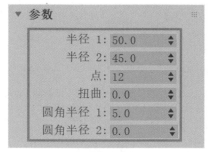

图3-83

03 设置完成后，星形图形的视图显示结果如图3-84所示。

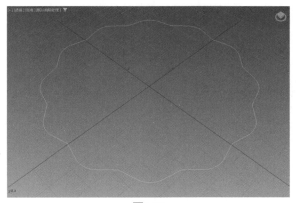

图3-84

04 在"创建"面板中单击"线"按钮，如图3-85所示。

图3-85

05 在"前"视图中绘制出如图3-86所示的曲线图形。

图3-86

06 在"修改"面板中，进入"样条线"子层级，如图3-87所示。

图3-87

07 选择该曲线，使用"轮廓工具"制作出如图3-88所示的曲线效果。

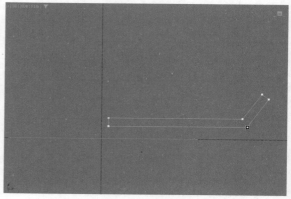

图3-88

08 选择如图3-89所示的顶点，使用"圆角工具"制作出如图3-90所示的曲线效果。

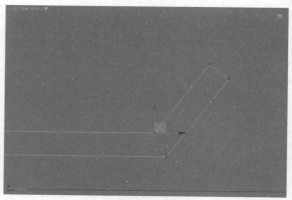

图3-89

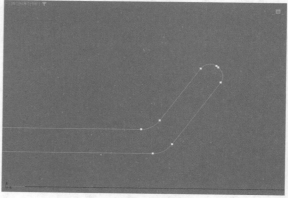

图3-90

09 选择星形图形，在"修改"面板中，为其添加"倒角剖面"修改器，如图3-91所示。

图3-91

10 在"参数"卷展栏中，设置"倒角剖面"为"经典"，如图3-92所示。

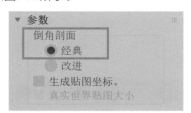

图3-92

11 在"经典"卷展栏中，单击"拾取剖面"按钮，如图3-93所示，再单击场景中后绘制的曲线，即可得到如图3-94所示的模型结果。

图3-93

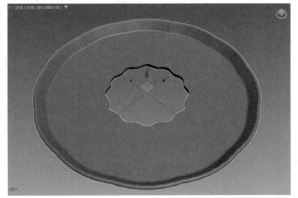

图3-94

12 在"修改"面板中，进入"剖面Gizmo"子层级，如图3-95所示。

图3-95

13 选择黄色的剖面线，调整其位置至图3-96所示，即可修复盘子中间的空洞部分。

图3-96

14 本实例制作完成的最终模型效果如图3-97所示。

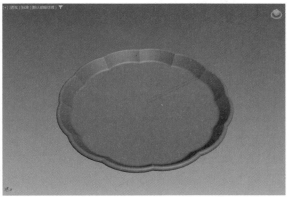

图3-97

3.3.5　实例：制作曲别针模型

本实例主要讲解如何使用我们身边的物品作为参考图，配合图形建模技术制作一个曲别针模型，模型的渲染效果如图3-98所示。

图3-98

01 启动中文版3ds Max 2025软件，在"创建"面板中，单击"平面"按钮，如图3-99所示。在"前"视图中创建一个平面模型。

02 在"参数"卷展栏中，设置"长度"为100、"宽度"为100，如图3-100所示。

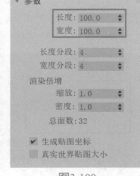

图3-99　　　　　　　　图3-100

03 设置完成后，平面模型的视图显示效果如图3-101所示。

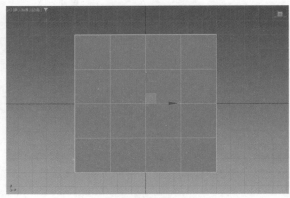

图3-101

04 在主工具栏单击"材质编辑器"图标，如图3-102所示。

图3-102

05 在弹出的"材质编辑器"面板中，为平面模型指定新的材质，如图3-103所示。

06 在"基本参数"卷展栏中，单击"单击以拾取贴图（或放置贴图）"按钮，如图3-104所示。

图3-103

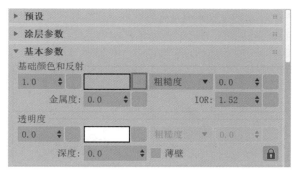

图3-104

07 在弹出的"材质/贴图浏览器"对话框中，双击"位图"贴图，如图3-105所示。

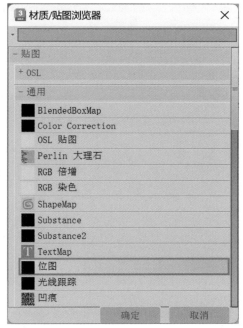

图3-105

08 浏览"曲别针.png"文件后，即可看到材质球上显示出来的贴图效果，单击"视口中显示明暗处理材质"按钮，如图3-106所示，即可在平面模型上显示出贴图效果，如图3-107所示。

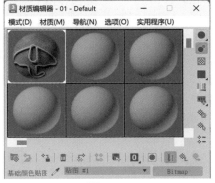

图3-106

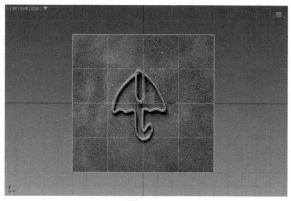

图3-107

技巧与提示：本例中所使用的图片文件贴到平面模型上后，画面产生了拉伸效果，所以需要添加"UVW贴图"修改进行校正。

09 选择平面模型，在"修改"面板中，添加"UVW贴图"修改器，如图3-108所示。

10 在"参数"卷展栏中，单击"位图适配"按钮，如图3-109所示。

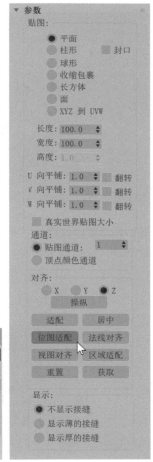

图3-108   图3-109

11 在弹出的"选择图像"对话框中，选择"曲别针.png"文件，如图3-110所示，并单击"打开"按钮。

图3-110

12 这时，再次观察平面模型上的贴图效果，如图3-111所示。

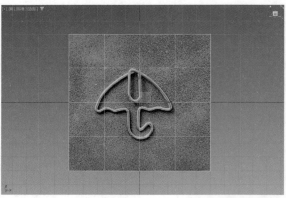

图3-111

13 在"创建"面板中，单击"线"按钮，如图3-112所示。

图3-112

14 在"前"视图中，根据曲别针参考图绘制出曲别针的大概形状，如图3-113所示。

图3-113

15 选择如图3-114所示的顶点，右击并在弹出的"工具1"快捷菜单中执行"Bezier角点"命令，如图3-115所示。

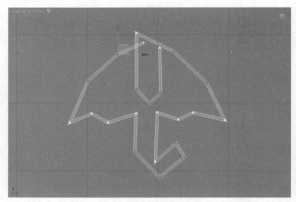

图3-114

图3-115

16 调整顶点两侧的手柄来更改曲线的弧度，制作出平滑的曲别针线条效果，如图3-116所示。

图3-116

17 选择如图3-117所示的顶点，使用"圆角工具"制作出如图3-118所示的曲线效果。

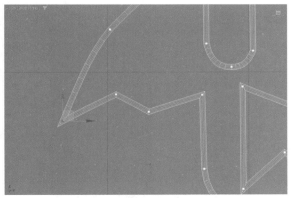

图3-117

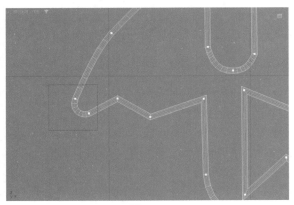

图3-118

18 以同样的操作步骤制作出曲别针其他地方的圆角效果，如图3-119所示。

19 将场景中的平面模型隐藏后，调整曲别针的顶点位置至图3-120所示，完善其细节。

图3-119

图3-120

20 本实例制作完成的最终模型效果如图3-121所示。

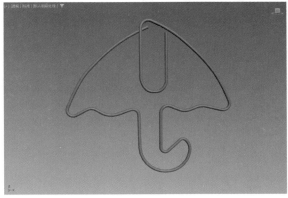

图3-121

技巧与提示： 读者可以使用相同的制作步骤制作出其他形状的曲别针模型。

第4章
多边形建模

4.1
多边形建模概述

    多边形由顶点和连接它们的边来定义，多边形的内部区域则称为面，这些要素的命令编辑就构成了多边形建模技术。多边形建模是当前非常流行的一种建模方式，用户通过对多边形的顶点、边以及面进行编辑可以得到精美的三维模型，这项技术被广泛应用于电影、游戏、虚拟现实等动画模型的开发制作。图4-1和图4-2所示均为使用多边形建模技术制作完成的三维模型。

图4-1

图4-2

4.2
创建多边形对象

    可编辑多边形为用户提供了使用子对象的功能，通过使用不同的子对象，配合子对象内不同的命令可以更加方便、直观地进行模型的修改工作。这使得我们在开始对模型进行修改之前，一定要先单击以选定这些独立的子对象。只有处于一种特定

的子对象模式时，才能选择视口中模型的对应子对象。例如，要选择模型上的点来进行操作，那么就一定要先进入"顶点"子对象层级才可以。在视图中选择要塌陷的对象，右击并在弹出的快捷菜单中执行"转换为"|"转换为可编辑多边形"命令，这样，该物体则被快速塌陷为多边形对象，如图4-3所示。

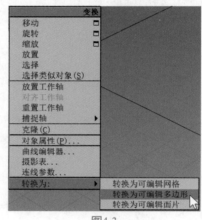

图4-3

4.2.1   基础知识：编辑多边形

    本实例主要演示创建多边形对象、连接工具及"桥工具"的操作方法。

01 启动中文版3ds Max 2025软件，单击"长方体"按钮，如图4-4所示，在场景中创建一个长方体模型，如图4-5所示。

图4-4

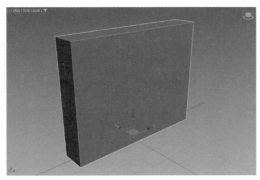

图4-5

02 选择长方体模型，右击并在弹出的快捷菜单中执行"转换为"|"转换为可编辑多边形"命令，如图4-6所示。

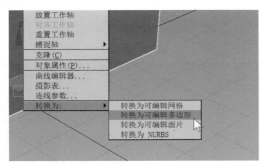

图4-6

03 选择如图4-7所示的边线，使用"连接工具"制作出如图4-8所示的模型结果。

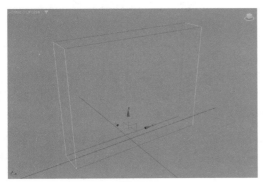

图4-7

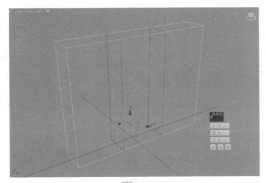

图4-8

04 选择如图4-9所示的边线，使用"连接工具"制作出如图4-10所示的模型结果。

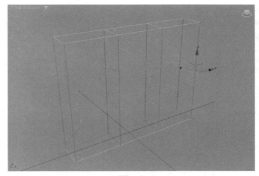

图4-9

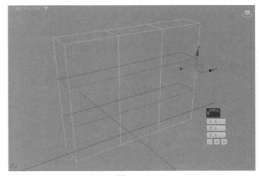

图4-10

05 选择如图4-11所示的面，使用"桥工具"制作出如图4-12所示的模型结果。

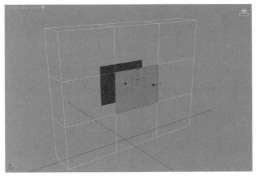

图4-11

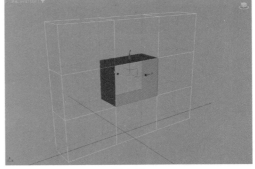

图4-12

06 这样，我们就制作出了一个带有镂空效果的墙体，如图4-13所示。

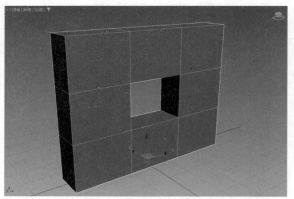

图4-13

技巧与提示：读者可以使用相同的操作步骤制作多孔洞墙体模型。

4.2.2 实例：制作方桌模型

本实例主要讲解使用多边形建模技术制作一个方桌模型，模型的渲染效果如图4-14所示。

图4-14

01 启动中文版3ds Max 2025软件，单击"创建"面板中的"长方体"按钮，如图4-15所示。在场景中创建一个长方体。

图4-15

02 选择长方体，在"修改"面板中，设置"长度"为30、"宽度"为50、"高度"为2，如图4-16所示。设置完成后，长方体的视图显示结果如图4-17所示。

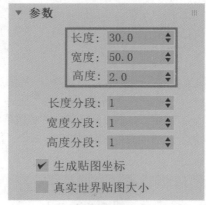

图4-16

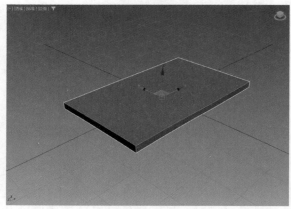

图4-17

03 选择长方体，右击并在弹出的快捷菜单中执行"转换为"|"转换为可编辑多边形"命令，将其转换成可编辑状态，如图4-18所示。

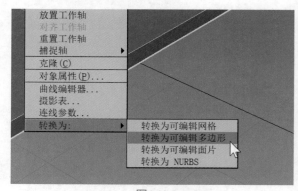

图4-18

04 按F3键，将视图设置为"线框"显示状态，并选择如图4-19所示的边线，使用"连接工具"制作出如图4-20所示的模型结果。

图4-19

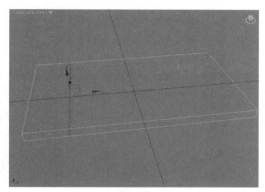

图4-20

05 选择如图4-21所示的边线，再次使用"连接工具"制作出如图4-22所示的模型结果。

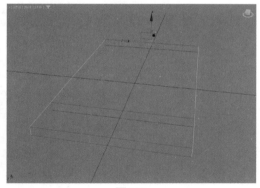

图4-21

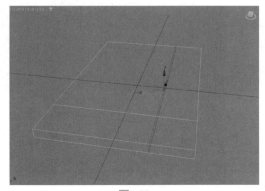

图4-22

06 选择如图4-23所示的边线，使用"切角工具"制作出如图4-24所示的模型结果。

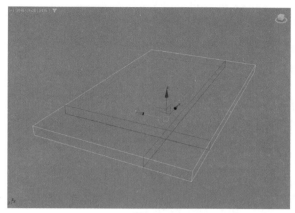

图4-23

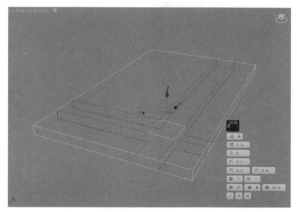

图4-24

07 在"顶"视图中，调整长方体的顶点位置至图4-25所示。

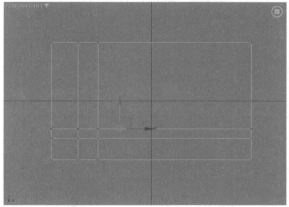

图4-25

08 在"透视"视图中，选择如图4-26所示的面，按住Shift键，沿Z轴向下方移动所选择的面，制作出如图4-27所示的模型结果。

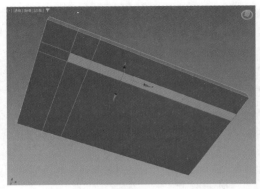

图4-26

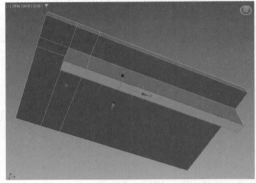

图4-27

09 选择如图4-28所示的面，按住Shift键，沿Z轴向下方移动所选择的面，制作出如图4-29所示的模型结果。

图4-28

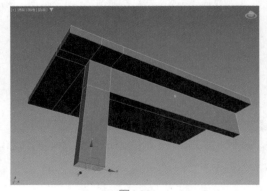

图4-29

10 在"前"视图中，选择如图4-30所示的顶点，调整其位置至图4-31所示。

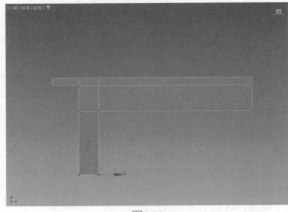

图4-30

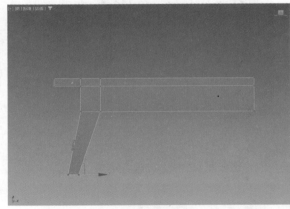

图4-31

11 选择如图4-32所示的边线，使用"切角工具"制作出如图4-33所示的模型结果。

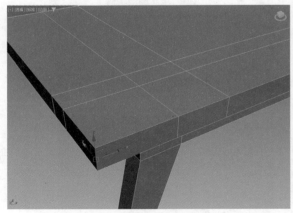

图4-32

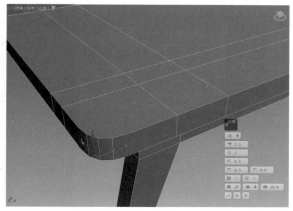

图4-33

12 选择如图4-34所示的边线，使用"切角工具"制作出如图4-35所示的模型结果，使桌面的边缘处平滑一些。

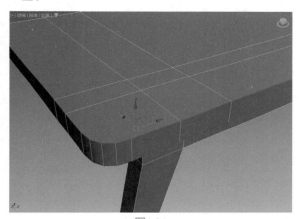

图4-34

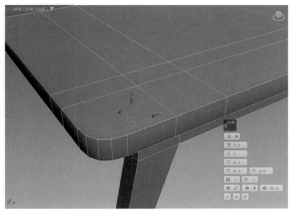

图4-35

13 选择如图4-36所示的边线，使用"切角工具"制作出如图4-37所示的模型结果，使桌腿的边缘处平滑一些。

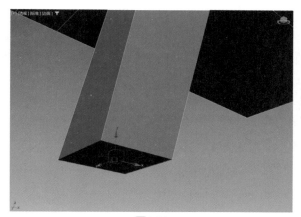

图4-36

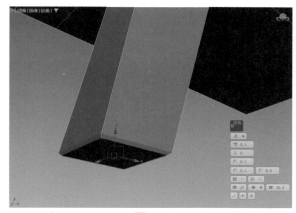

图4-37

14 在"修改"面板中，为模型添加"对称"修改器，如图4-38所示。

图4-38

15 在"对称"卷展栏中，单击X按钮，并勾选"翻转"复选框，如图4-39所示，可以得到如图4-40所示的模型结果。

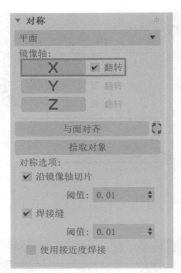

图4-39

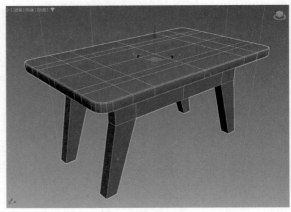

图4-42

17 本实例的最终模型完成结果如图4-43所示。

图4-43

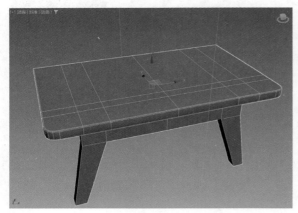

图4-40

16 在"对称"卷展栏中，单击Y按钮，并勾选"翻转"复选框，如图4-41所示，可以得到如图4-42所示的模型结果。

4.2.3 实例：制作儿童凳模型

本实例主要讲解使用多边形建模技术制作一个儿童凳模型，模型的渲染效果如图4-44所示。

图4-44

01 启动中文版3ds Max 2025软件，单击"创建"面板中的"长方体"按钮，如图4-45所示，在场景中创建一个长方体。

02 选择长方体，在"修改"面板中，设置"长度"为30、"宽度"为30、"高度"为30，如图4-46所示。设置完成后，长方体的视图显示结果如图4-47所示。

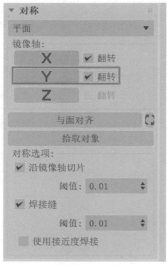

图4-41

图4-45

图4-46

03 选择长方体，右击并在弹出的快捷菜单中执行"转换为"|"转换为可编辑多边形"命令，将其转换成可编辑状态，如图4-48所示。

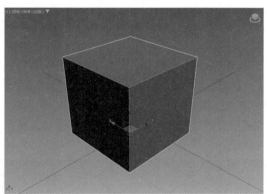

图4-47

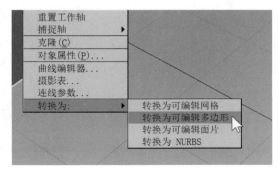

图4-48

04 选择如图4-49所示的面，使用"缩放工具"调整其大小至图4-50所示。

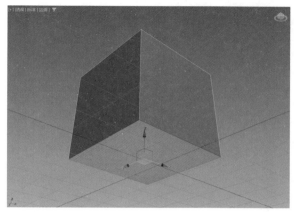

图4-49

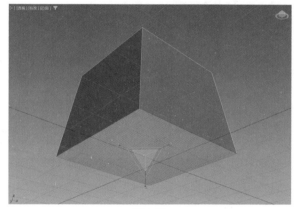

图4-50

05 使用"连接工具"为模型添加边线，制作出如图4-51所示的模型结果。

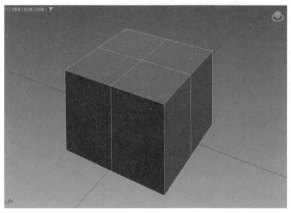

图4-51

06 选择如图4-52所示的边线，使用"切角工具"制作出如图4-53所示的模型结果。

07 选择如图4-54所示的边线，使用"连接工具"制作出如图4-55所示的模型结果。

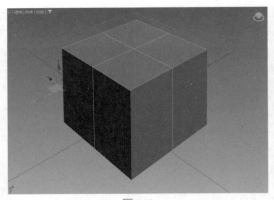

图4-52

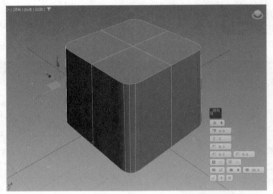

图4-53

图4-54

图4-55

08 选择如图4-56所示的边线，使用"切角工具"制作出如图4-57所示的模型结果。

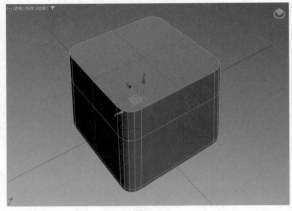

图4-56

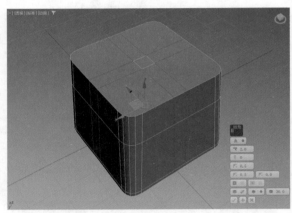

图4-57

09 选择如图4-58所示的面，将其删除，得到如图4-59所示的模型结果，制作出儿童凳中心的孔洞。

10 选择如图4-60所示的面，将其删除，得到如图4-61所示的模型结果。

11 选择如图4-62所示的边线，使用"挤出工具"制作出如图4-63所示的模型结果。

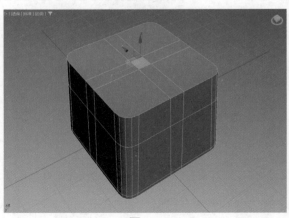

图4-58

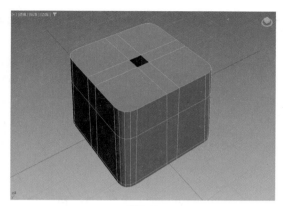

图4-59

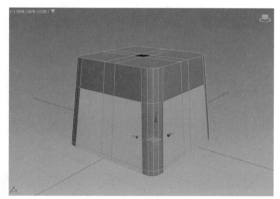

图4-60

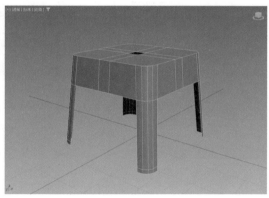

图4-61

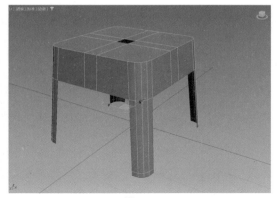

图4-62

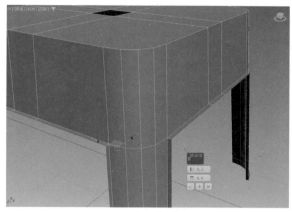

图4-63

12 选择如图4-64所示的边线，使用"挤出工具"制作出如图4-65所示的模型结果。

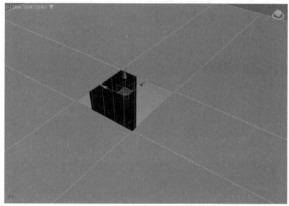

图4-64

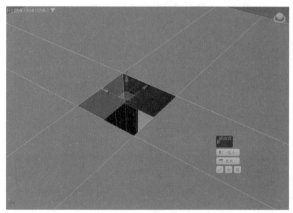

图4-65

13 选择如图4-66所示的边线，使用"切角工具"制作出如图4-67所示的模型结果。

14 选择如图4-68所示的边线，使用"切角工具"制作出如图4-69所示的模型结果。

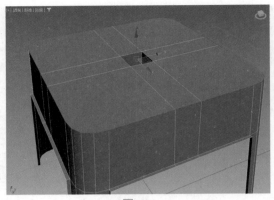

图4-66

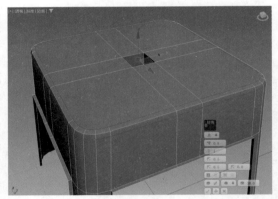

图4-67

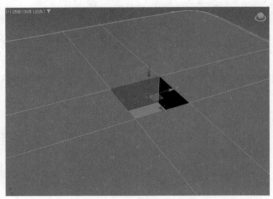

图4-68

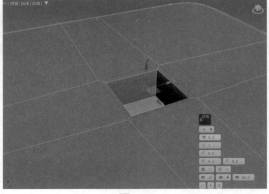

图4-69

15 在"修改"面板中，为模型添加"壳"修改器，如图4-70所示。

图4-70

16 在"参数"卷展栏中，设置"内部量"为0.5、"外部量"为0，如图4-71所示。设置完成后，凳子模型的厚度效果如图4-72所示。

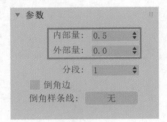

图4-71

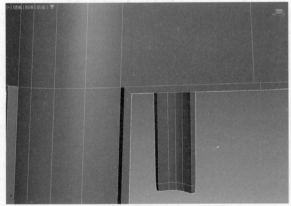

图4-72

17 在"修改"面板中，为模型添加"网格平滑"修改器，如图4-73所示。

图4-73

18 在"细分量"卷展栏中，设置"迭代次数"为3，如图4-74所示。

图4-74

19 本实例的最终模型完成结果如图4-75所示。

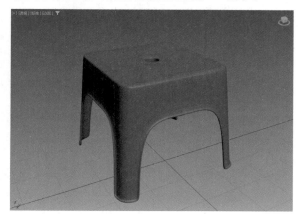

图4-75

4.2.4　实例：制作哑铃模型

本实例主要讲解使用多边形建模技术制作一个哑铃模型，模型的渲染效果如图4-76所示。

图4-76

01 启动3ds Max 2025软件，单击"创建"面板中的"圆柱体"按钮，如图4-77所示。在"前"视图中创建一个圆柱体模型，如图4-78所示。

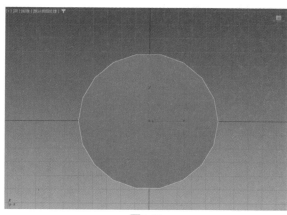

图4-78

02 在"修改"面板中，设置"半径"为40、"高度"为35、"高度分段"为1、"端面分段"为2、"边数"为6，如图4-79所示。设置完成后的圆柱体模型显示结果如图4-80所示。

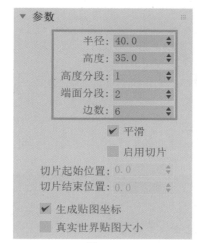

图4-79

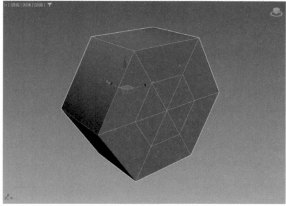

图4-80

03 选择圆柱体，右击并在弹出的快捷菜单中执行"转换为"|"转换为可编辑多边形"命令，将其转换成可编辑状态，如图4-81所示。

（图4-77 略）

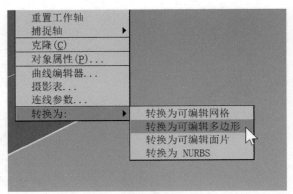

图4-81

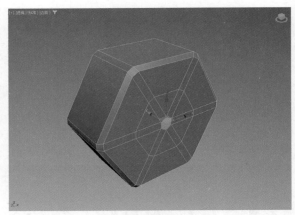

图4-84

04 选择如图4-82所示的边线，使用"切角工具"制作出如图4-83所示的模型结果。

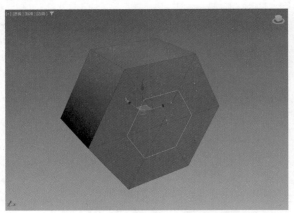

图4-82

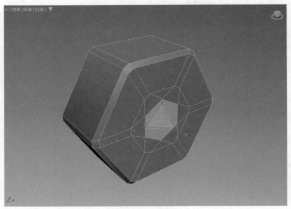

图4-85

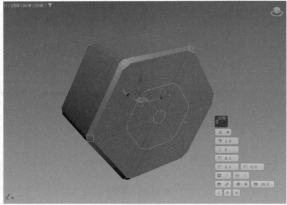

图4-83

05 选择如图4-84所示的面，使用"缩放工具"制作出如图4-85所示的模型结果。

06 使用"挤出工具"对所选择的面进行多次挤出，制作出如图4-86所示的模型结果。

07 在"修改"面板中，为模型添加"对称"修改器，如图4-87所示。

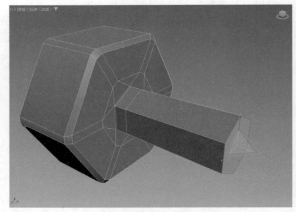

图4-86

图4-87

08 在"对称"卷展栏中，单击Z按钮，并勾选"翻转"复选框，如图4-88所示。

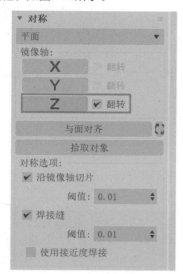

图4-88

09 在"修改"面板中，进入"对称"修改器的"镜像"子层级，如图4-89所示。

图4-89

10 通过调整"镜像"的位置可以调整哑铃模型的长度，如图4-90所示。

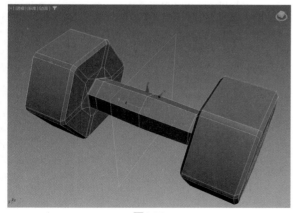

图4-90

11 在"修改"面板中，为哑铃模型添加"网格平滑"修改器，如图4-91所示。

图4-91

12 在"细分量"卷展栏中，设置"迭代次数"为3，如图4-92所示。

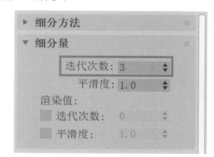

图4-92

13 本实例的最终模型完成结果如图4-93所示。

图4-93

4.2.5 实例：制作沙发模型

本实例主要讲解使用多边形建模技术制作一个沙发模型，模型的渲染效果如图4-94所示。

图4-94

01 启动中文版3ds Max 2025软件，单击"创建"面板中的"长方体"按钮，如图4-95所示，在场景中创建一个长方体。

图4-95

02 在"修改"面板中，设置"长度"为3、"宽度"为52、"高度"为33、"宽度分段"为3，如图4-96所示。

图4-96

03 设置完成后的长方体视图显示结果如图4-97所示。

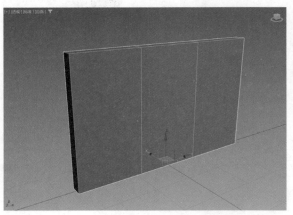

图4-97

04 选择长方体模型，右击并在弹出的快捷菜单中执行"转换为"|"转换为可编辑多边形"命令，将其转换成可编辑状态，如图4-98所示。

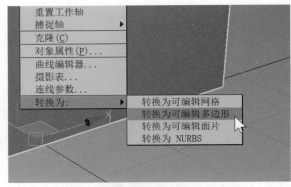

图4-98

05 选择如图4-99所示的边，使用"切角工具"制作出如图4-100所示的模型结果。

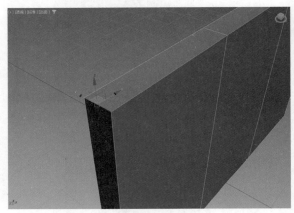

图4-99

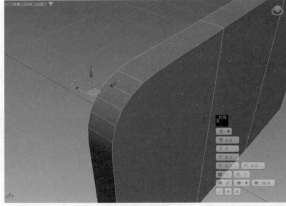

图4-100

06 选择如图4-101所示的面，按住Shift键，沿Z轴向下方移动所选择的面，制作出如图4-102所示的模型结果。

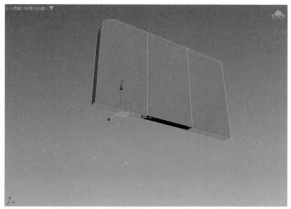

图4-101

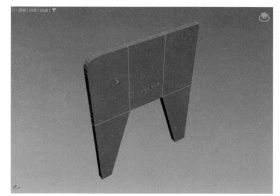

图4-104

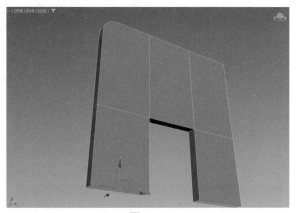

图4-102

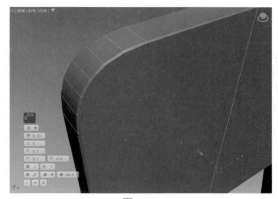

图4-105

07 在"前"视图中，调整模型的顶点位置至图4-103所示。

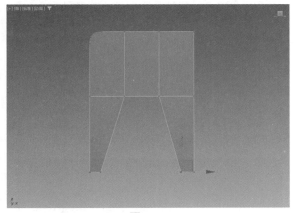

图4-103

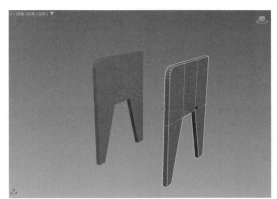

图4-106

08 选择如图4-104所示的边线，使用"切角工具"制作出如图4-105所示的模型结果。

09 按住Shift键，以拖曳的方式复制一个沙发扶手模型并调整其位置至图4-106所示。

10 在"创建"面板中，单击"长方体"按钮，在"透视"视图中创建一个长方体模型，如图4-107所示。

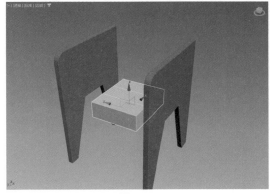

图4-107

11 在"修改"面板中，调整长方体模型的参数至图4-108所示。

图4-108

12 在"前"视图中，调整长方体的位置至图4-109所示。

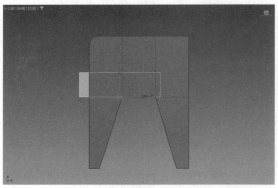

图4-109

13 选择长方体，右击并在弹出的快捷菜单中执行"转换为"|"转换为可编辑多边形"命令，如图4-110所示。

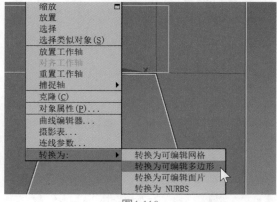

图4-110

14 将之前做好的沙发扶手模型隐藏起来后，选择长方体，在"边"子对象层级中，选择如图4-111所示的边线，使用"连接工具"在所选择的边线中心位置处连接一条新的边线，如图4-112所示。

15 在"前"视图中，调整模型的顶点至图4-113所示。

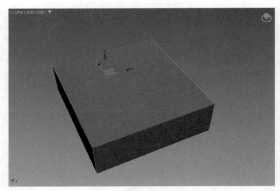

图4-111

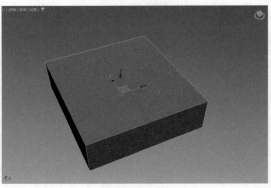

图4-112

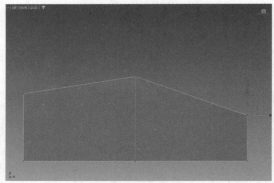

图4-113

16 选择如图4-114所示的边，使用"切角工具"制作出如图4-115所示的模型结果。

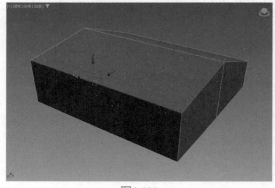

图4-114

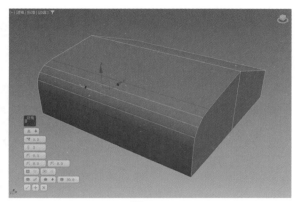

图4-115

17 选择如图4-116所示的边，使用"切角工具"制作出如图4-117所示的模型结果。

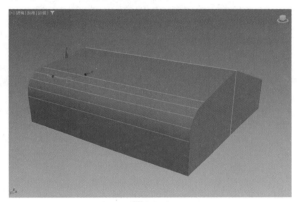

图4-116

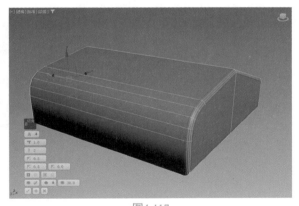

图4-117

18 选择如图4-118所示的边线，以同样的操作步骤制作出如图4-119所示的模型结果，制作出沙发坐垫模型的基本形状。

19 选择沙发坐垫模型，在"修改"面板中，为其添加"涡轮平滑"修改器，如图4-120所示。

20 在"涡轮平滑"卷展栏中，设置"迭代次数"为2，如图4-121所示。使沙发坐垫模型看起来更加平滑，如图4-122所示。

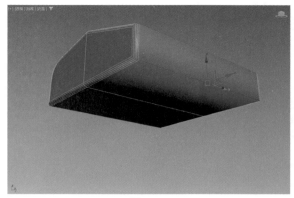

图4-118

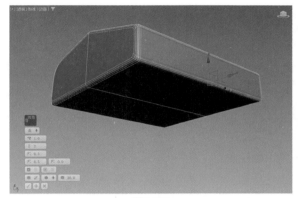

图4-119

图4-120

图4-121

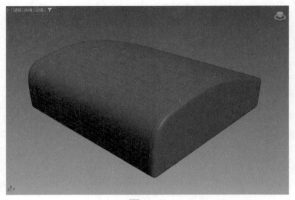

图4-122

21 在"前"视图中，复制一个沙发坐垫模型，并调整其旋转角度和位置至图4-123所示，用来制作沙发的靠背结构。

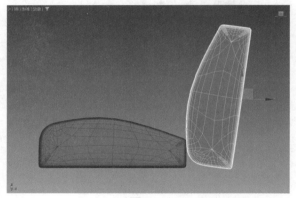

图4-123

22 在"修改器"面板中，为沙发靠背模型添加"FFD 3×3×3"修改器，如图4-124所示。

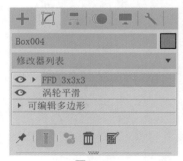

图4-124

23 在"控制点"子层级中，调整沙发靠背模型上"FFD 3×3×3"修改器的各控制点的位置至图4-125所示。

24 调整完成后，显示出之前制作完成的沙发扶手模型，本实例的最终模型效果如图4-126所示。

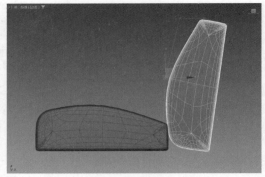

图4-125

图4-126

4.2.6 实例：制作排球模型

本实例主要讲解使用多边形建模技术制作一个排球模型，模型的渲染效果如图4-127所示。

图4-127

01 启动中文版3ds Max 2025软件，单击"创建"面板中的"长方体"按钮，如图4-128所示。在场景中创建一个长方体。

图4-128

02 在"修改"面板中，设置"长度""宽度""高度"均为30，"长度分段""宽度分段""高度分段"均为3，如图4-129所示。

图4-129

03 设置完成后，长方体的视图显示结果如图4-130所示。

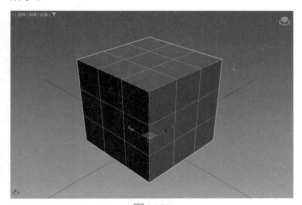

图4-130

04 选择立方体模型并右击，在弹出的快捷菜单中执行"转换为"|"转换为可编辑网格"命令，如图4-131所示。

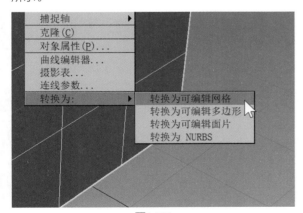

图4-131

05 选择如图4-132所示的面，右击并在弹出的"工具2"快捷菜单中执行"分离"命令，如图4-133所示。

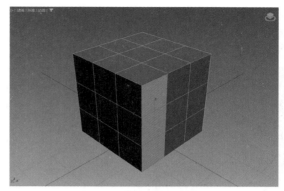

图4-132

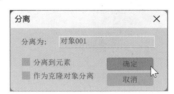

图4-133

06 在系统自动弹出的"分离"对话框中单击"确定"按钮，如图4-134所示，即可将选择的3个面单独分离出来。

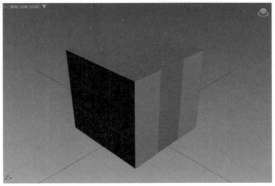

图4-134

07 重复以上步骤，将立方体模型相同朝向的另外两个平面也分离出来。为了方便区别分离出来的面片模型，可以将刚刚分离出来的对象更改为另外的颜色，如图4-135所示。

图4-135

08 选择与刚刚分离出来的平面模型相垂直的3个面，如图4-136所示，使用同样的操作步骤将其"分离"出来。

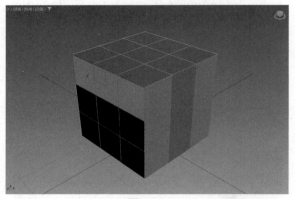

图4-136

09 重复以上操作，最终将立方体模型6个方向的面"分离"为18个平面对象。

10 选择场景中的所有平面模型，如图4-137所示。

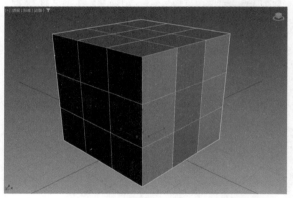

图4-137

11 在"修改"面板中，为所选对象添加"涡轮平滑"修改器，如图4-138所示。

图4-138

12 在"涡轮平滑"卷展栏中，设置"迭代次数"为2，如图4-139所示。

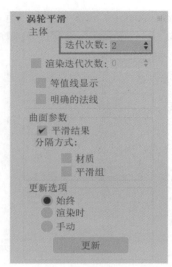

图4-139

13 设置完成后，立方体的视图显示效果如图4-140所示。

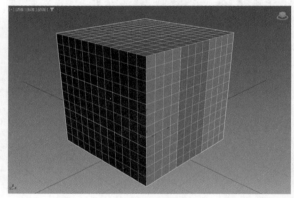

图4-140

14 在"修改"面板中，为所选对象添加"球形化"修改器，如图4-141所示。

图4-141

15 设置完成后，立方体的视图显示效果如图4-142所示。

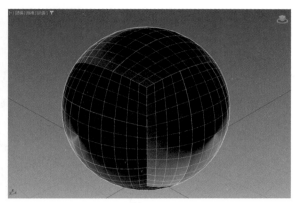

图4-142

16 在"修改"面板中，为所选对象添加"网格选择"修改器，如图4-143所示。

图4-143

17 选择立方体模型上的所有面，如图4-144所示。

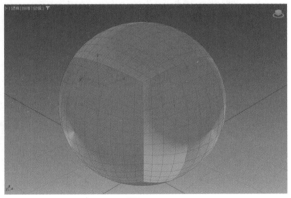

图4-144

18 在"修改"面板中，为所选对象添加"面挤出"修改器，如图4-145所示。

图4-145

19 在"参数"卷展栏中，设置"数量"为0.5、"比例"为96，如图4-146所示。

图4-146

20 设置完成后，立方体的视图显示效果如图4-147所示。

图4-147

21 在"修改"面板中，为所选对象添加"网格平滑"修改器，如图4-148所示。

图4-148

22 在"细分方法"卷展栏中，设置"细分方法"为"四边形输出"。在"细分量"卷展栏中，设置"迭代次数"为2，如图4-149所示。

图4-149

23 设置完成后，排球模型就制作完成了，如图4-150所示。

图4-150

24 选择场景中的所有模型，在"实用程序"面板中，单击"塌陷"按钮，如图4-151所示。

图4-151

25 在"塌陷"卷展栏中，单击"塌陷选定对象"按钮，如图4-152所示，即可将所选择的所有模型合并为一个模型。

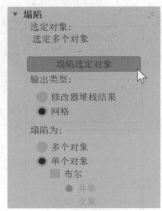

图4-152

26 本实例制作完成后的排球模型结果如图4-153所示。

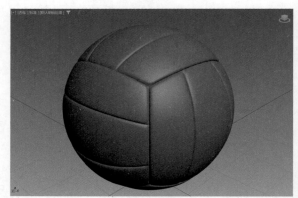

图4-153

第 5 章
灯光技术

5.1
灯光概述

　　3ds Max 2025提供的灯光工具可以轻松地为三维场景添加照明效果。灯光工具的命令虽然不多，但是要想随心所欲地使用灯光进行照明也并非易事。设置灯光前，灯光师应该充分考虑作品中未来的预期照明效果，并最好参考大量的相关素材。在素材的选择上，我们不但可以选择一些重点表现光影的照片，也可以使用AI绘画软件通过灯光相关提示词绘制出一些参考图。只有认真并有计划地在场景中添加灯光，我们才能渲染出令人满意的灯光效果。

　　设置灯光是三维作品表现中的点睛之笔，灯光不仅可以照亮物体，还可以在表现场景气氛、天气效果等方面起着至关重要的作用，给人以身临其境般的视觉感受。在设置灯光时，如果场景中灯光过于明亮，渲染出来的画面则会处于一种曝光状态；如果场景中的灯光过于暗淡，则渲染出来的画面有可能显得比较平淡，毫无吸引力可言，甚至导致画面中的很多细节无法体现。所以，若要制作出理想的光照效果需要我们去不断实践，最终将自己的作品渲染地尽可能给观众一种真实且自然的感觉。图5-1和图5-2所示分别为设置了灯光后渲染出来的三维图像作品。

图5-1

图5-2

5.2
光度学灯光

　　在"创建"面板中的第3个分类"灯光"中，即可看到"光度学"类型下的"灯光工具"，如图5-3所示。

图5-3

5.2.1　基础知识：使用 Stable Diffusion 绘制灯光参考图

　　本例主要演示在Stable Diffusion中使用与灯光相关的关键词绘制不同灯光效果的AI图像的操作方法。

01 在"模型"选项卡中，单击DreamShaper模型，如图5-4所示，并将其设置为"Stable Diffusion模型"。

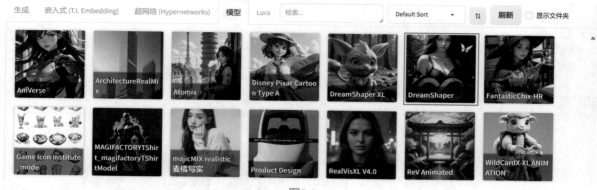

图5-4

02 在"文生图"选项卡中输入中文提示词："汽车，街道，树，花，云，天空，阳光"后，按Enter键则可以生成对应的英文："car,street,tree,flower,cloud,sky,suneate，"，如图5-5所示。

图5-5

03 在"生成"选项卡中，设置"迭代步数（Steps）"为30、"宽度"为768、"高度"为512、"总批次数"为2，如图5-6所示。

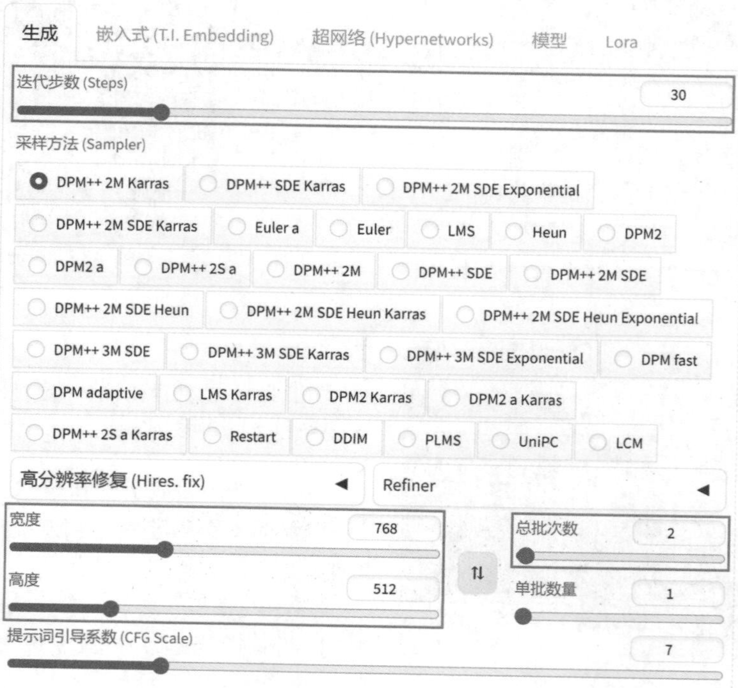

图5-6

04 单击"生成"按钮，如图5-7所示。

图5-8

06 在"反向词"文本框内输入："正常质量，最差质量，低质量，低分辨率"，按下Enter键，即可将其翻译为英文："normal quality,worstquality,low quality,lowres,"，并调高这些反向提示词的权重均为2，如图5-9所示。

图5-7

05 绘制出来的图像效果如图5-8所示。

图5-9

07 重绘图像，绘制出来的图像效果如图5-10所示，可以看出画面的质量有所提升。

图5-10

08 删除提示词"阳光"，补充提示词"黄昏"后，按Enter键则可以生成对应的英文"dusk"，如图5-11所示。

图5-11

09 重绘图像，绘制出来的图像效果如图5-12所示，可以看出画面的光照效果产生了对应的改变。

图5-12

10 删除提示词"黄昏"，补充提示词"夜晚，霓虹灯"后，按Enter键则可以生成对应的英文"night,neon lights"，如图5-13所示。

Stable Diffusion 模型

DreamShaper.safetensors [879db523c3]

外挂 VAE 模型

None

CLIP 终止层数　2

文生图　图生图　后期处理　PNG 图片信息　模型融合　训练　无边图像浏览　模型转换　超级模型融合　模型工具箱

car,street,tree,flower,cloud,sky,night,neon lights,

17/75

提示词 (17/75)　请输入新关键词

car × | street × | tree × | flower × | cloud × | sky × | night | neon lights ×
汽车　街道　树　花　云　天空　夜晚　霓虹灯

图5-13

11 重绘图像，绘制出来的图像效果如图5-14所示，可以看出画面的光照效果产生了对应的改变。

图5-14

5.2.2 基础知识："目标灯光"的使用方法

01 启动中文版3ds Max 2025软件。单击"创建"面板中的"茶壶"按钮，如图5-15所示，在场景中创建一个茶壶模型。

02 选择茶壶，在"参数"卷展栏中，设置"半径"为10、"分段"为20，如图5-16所示。

图5-15　图5-16

03 设置完成后，茶壶模型的视图显示结果如图5-17所示。

04 单击"创建"面板中的"平面"按钮，如图5-18所示，在场景中创建一个平面模型。

05 选择平面，在"参数"卷展栏中，设置"长度"和"宽度"均为300，如图5-19所示。

图5-17

图5-18　图5-19

06 设置完成后，平面模型的视图显示结果如图5-20所示。

图5-20

07 在"创建"面板中，单击"目标灯光"按钮，如图5-21所示。这时，在系统自动弹出的"创建光度学灯光"对话框中单击"是"按钮，如图5-22所示。

图5-21

图5-22

08 在"前"视图中，在图5-23所示位置处创建一个目标灯光。

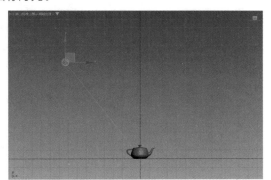

图5-23

技巧与提示：读者在创建灯光时应注意灯光与茶壶的距离，双方距离太远，渲染出来的照明效果较暗，反之较亮。

09 设置完成后，在"透视"视图中渲染场景，渲染结果如图5-24所示。

图5-24

10 选择灯光，在"强度/颜色/衰减"卷展栏中，设置"颜色"组的选项为"开尔文"，如图5-25所示。

图5-25

11 再次渲染场景，渲染结果如图5-26所示。

图5-26

12 在"图形/区域阴影"卷展栏中，设置"从（图形）发射光线"的类型为"矩形"，如图5-27所示。渲染场景，渲染结果如图5-28所示，我们可以看出改变了"从（图形）发射光线"的类型后，不但场景中的光线强度降低了，茶壶的阴影也产生了较为明显的变化。

图5-27

图5-28

13 在"图形/区域阴影"卷展栏中，设置"从（图形）发射光线"组内的"长度"为20、"宽度"为20，如图5-29所示。

图5-29

14 渲染场景，渲染结果如图5-30所示，这一次，我们可以看到茶壶的阴影较上一次的渲染结果显得更加清晰。

图5-30

5.2.3 实例：使用"太阳定位器"制作天空照明效果

本实例主要讲解如何使用太阳定位器制作室外天空照明效果，渲染效果如图5-31所示。

图5-31

01 启动中文版3ds Max 2025软件，打开本书配套资源"汽车.max"文件，如图5-32所示，本场景有一辆汽车模型，并设置好了材质及摄影机。

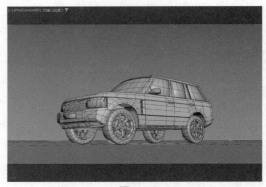

图5-32

02 在"创建"面板中，单击"太阳定位器"按钮，如图5-33所示。

图5-33

03 在"透视"视图中创建一个太阳定位器，如图5-34所示。

图5-34

04 在"修改"面板中，进入"太阳"子对象层级，如图5-35所示。

图5-35

05 在"前"视图中调整太阳的位置至图5-36所示。

图5-36

06 在"顶"视图中调整太阳的位置至图5-37所示。

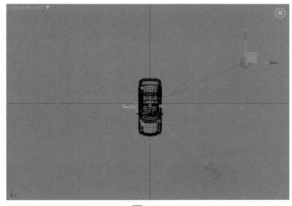

图5-37

07 设置完成后，渲染场景，渲染结果如图5-38所示。可以看到太阳定位器可以非常方便地模拟天空照明效果。

08 执行"渲染"|"环境"命令，打开"环境和效果"面板，如图5-39所示。可以看到创建了太阳定位器后，系统会自动在"环境贴图"通道上添加"物理太阳和天空环境"贴图。

图5-38

图5-39

09 单击主工具栏上的"材质编辑器"图标，如图5-40所示。

图5-40

10 将"环境和效果"面板中的"物理太阳和天空环境"贴图拖曳至"材质编辑器"面板中，这样，就可以调整太阳定位器的参数，如图5-41所示。

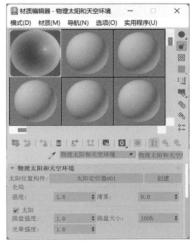

图5-41

11 在"物理太阳和天空环境"卷展栏中，设置"强度"为2、"薄雾"为0.2、"饱和度"为1.5，如图5-42所示。

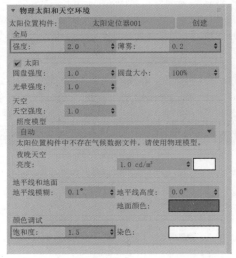

图5-42

12 渲染场景，渲染结果如图5-43所示。可以看到天空中由于薄雾的产生而显得略微发黄，并且天空颜色的饱和度略有提升。

图5-43

技巧与提示：在"渲染设置（Arnold Renderer）"面板中，设置"Camera（AA）"值为12，如图5-44所示，可以减少渲染图像中的噪点，有效提高图像的渲染质量。

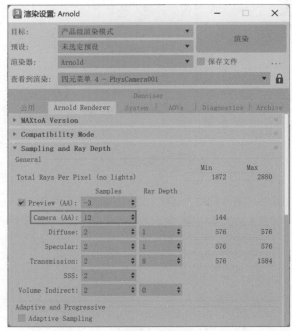

图5-44

5.3
Arnold 灯光

3ds Max软件在2018版本中新增了Arnold 渲染器，同时，一个新的灯光系统也随之被添加进来，那就是Arnold Light，如图5-45所示。使用该灯光可以模拟出各种常见的照明环境。另外，需要注意的是，即使是在中文版3ds Max 2025中，该灯光的命令参数仍然为英文显示状态。

图5-45

5.3.1 实例：使用 Arnold Light 制作天光照明效果

本实例主要讲解如何使用Arnold Light制作室内天光照明效果，渲染效果如图5-46所示。

图5-46

01 启动中文版3ds Max 2025软件，打开本书配套资源"客厅.max"文件，如图5-47所示，本场景为一个室内空间，里面放有一个沙发模型和一个桌子模型，并设置好了材质及摄影机。

图5-47

02 在"创建"面板中，单击Arnold Light按钮，如图5-48所示。

图5-48

03 在"前"视图中创建一个Arnold Light灯光，如图5-49所示。

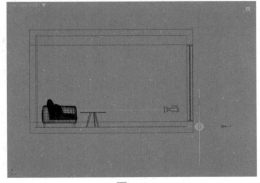

图5-49

04 在Shape卷展栏中，设置"Quad X"为115、"Quad Y"为250，如图5-50所示。

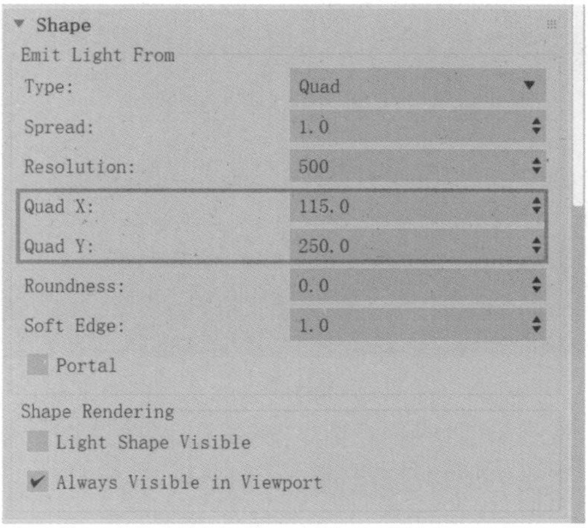

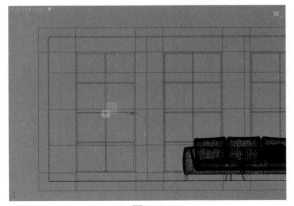

图5-50

05 在Color/Intensity卷展栏中，设置Intensity为0.15，如图5-51所示。

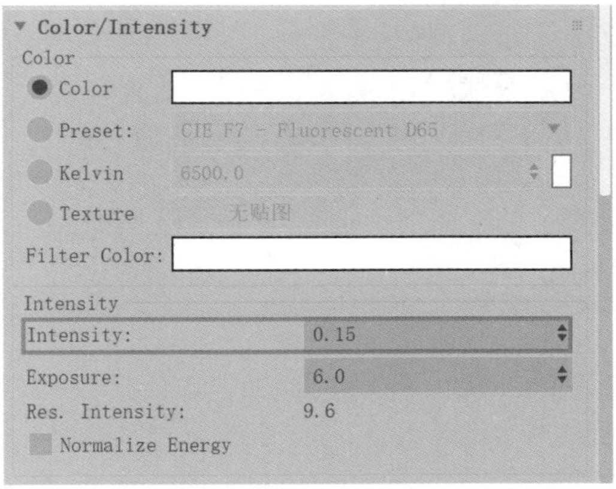

图5-51

06 在"左"视图中，调整Arnold Light灯光的位置至房间模型的窗户位置处，如图5-52所示。

图5-52

07 设置完成后，渲染场景，渲染结果如图5-53所示。图像看起来显得较暗。

图5-53

08 按住Shift键，配合"移动工具"复制出3个灯光，并分别调整位置至图5-54所示。

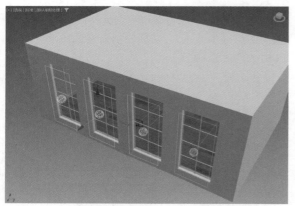

图5-54

09 设置完成后，再次渲染场景，渲染结果如图5-55所示。

图5-55

5.3.2 实例：使用 Arnold Light 制作静物照明效果

本实例主要讲解如何使用Arnold Light制作室内静物照明效果，渲染效果如图5-56所示。

图5-56

01 启动中文版3ds Max 2025软件，打开本书配套资源"静物.max"文件。如图5-57所示，本场景为一个室内空间，里面放有一个文字模型，并设置好了材质及摄影机。

图5-57

02 在"创建"面板中，单击Arnold Light按钮，如图5-58所示。

图5-58

03 在"左"视图中，创建一个Arnold Light灯光，如图5-59所示。

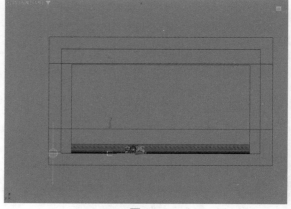

图5-59

04 在Shape卷展栏中，设置"Quad X"为120、"Quad Y"为180，如图5-60所示。

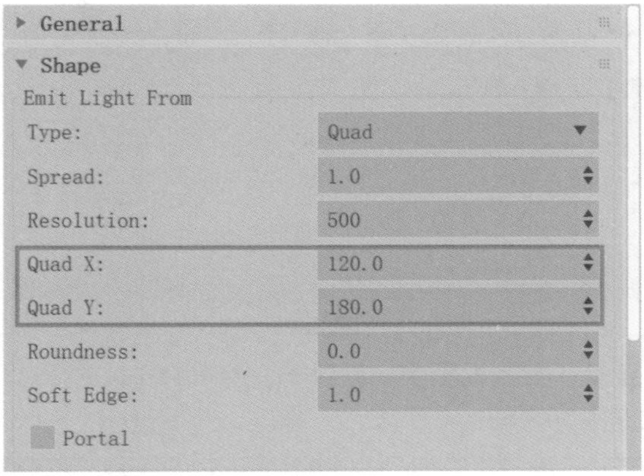

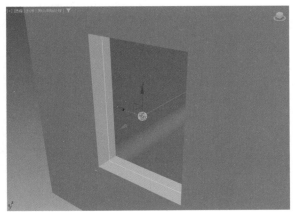

图5-60

05 在Color/Intensity卷展栏中，设置Intensity为0.3，如图5-61所示。

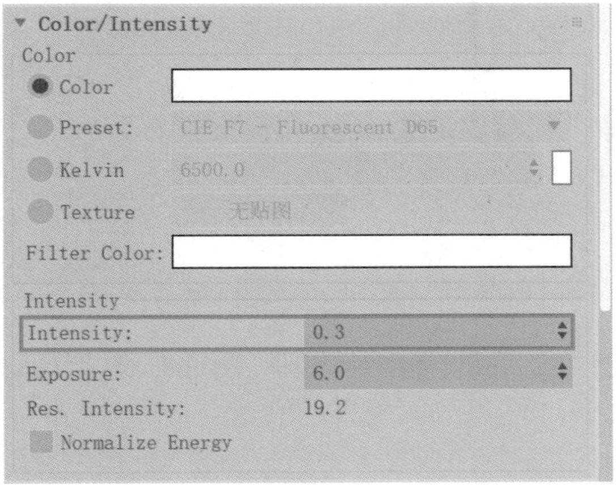

图5-61

06 在"透视"视图中，调整Arnold Light灯光的位置至房间模型的窗户位置处，如图5-62所示。

图5-62

07 设置完成后，渲染场景，渲染结果如图5-63所示。图像看起来显得较暗。

图5-63

08 在"左"视图中，复制一个Arnold Light灯光并调整其位置至图5-64所示。

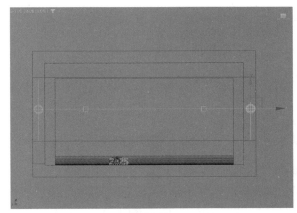

图5-64

09 在Color/Intensity卷展栏中，设置Intensity为3，如图5-65所示。

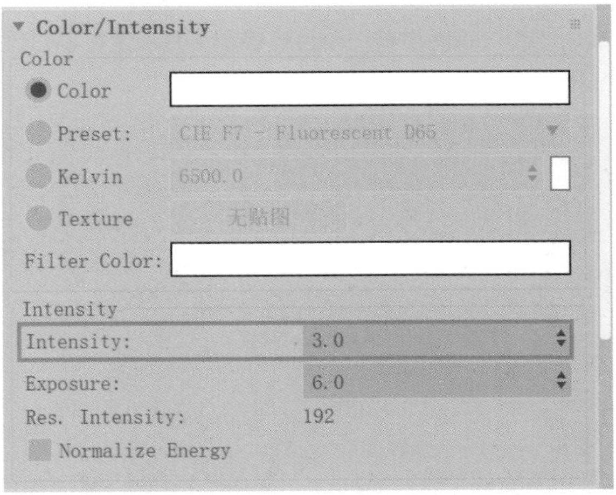

图5-65

10 设置完成后，再次渲染场景，渲染结果如图5-66所示。

图5-66

5.3.3 实例：使用 Arnold Light 制作台灯照明效果

本实例主要讲解如何使用Arnold Light制作台灯照明效果，渲染效果如图5-67所示。

图5-67

01 启动中文版3ds Max 2025软件，打开本书配套资源"台灯.max"文件，如图5-68所示，本场景为一个室内空间，里面放有一个台灯模型，并设置好了材质及摄影机。

图5-68

02 在"创建"面板中，单击Arnold Light按钮，如图5-69所示。

图5-69

03 在"左"视图中，创建一个Arnold Light灯光，如图5-70所示。

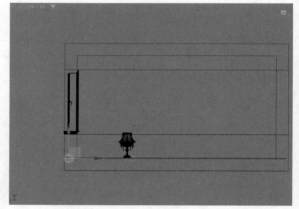

图5-70

04 在Shape卷展栏中，设置"Quad X"为135、"Quad Y"为200，如图5-71所示。

Shape	
Emit Light From	
Type:	Quad
Spread:	1.0
Resolution:	500
Quad X:	135.0
Quad Y:	200.0
Roundness:	0.0
Soft Edge:	1.0
Portal	
Shape Rendering	
Light Shape Visible	
✔ Always Visible in Viewport	

图5-71

05 在"透视"视图中，调整Arnold Light灯光的位置至房间模型的窗户位置，如图5-72所示。

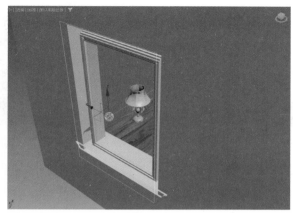

图5-72

06 设置完成后，渲染场景，渲染结果如图5-73所示。

图5-73

07 单击"创建"面板中的Arnold Light按钮，在场景中任意位置处再次创建一个Arnold灯光，如图5-74所示。

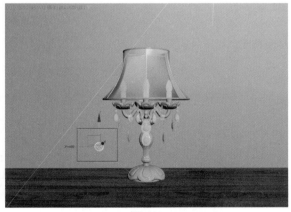

图5-74

08 在Shape卷展栏中，设置Type为Mesh，并设置Mesh为场景中名称为"灯泡"的模型，如图5-75所示。

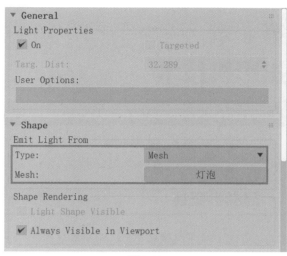

图5-75

09 在Color/Intensity卷展栏中，设置Kelvin为2500，这时可以看到灯光的颜色变为橙色，如图5-76所示。

图5-76

10 设置完成后，再次渲染场景，渲染结果如图5-77所示。

图5-77

第 6 章
摄影机技术

6.1 摄影机概述

我们制作完成场景模型后，常常需要选择一个合适的角度将作品渲染出来以展示给观众，这时，就需要在场景中创建一个或者多个摄影机用来固定我们选好的拍摄角度。除了静帧画面拍摄，使用摄影机技术，我们还可以制作出在场景中前行的视觉效果，给人以身临其境般的感受。摄影机的参数相对较少，但是不意味着每个人都可以轻松地学习并掌握摄影机技术，学习摄影机技术就像拍照一样，最好还要额外学习有关画面构图方面的知识。图6-1和图6-2所示为笔者日常生活中拍摄的一些画面。

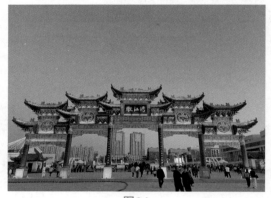

图6-1

图6-2

6.2 标准摄影机

3ds Max 2025为用户提供了"物理""目标"和"自由"3种摄影机，如图6-3所示。在实际工作中，"物理"摄影机的使用要更加广泛，并且可以制作出非常真实的带有景深效果或运动模糊效果的图像。

图6-3

6.2.1 基础知识：创建"物理"摄影机

本例主要演示"物理"摄影机的操作方法。

01 启动中文版3ds Max 2025软件，在"创建"面板中单击"茶壶"按钮，如图6-4所示，在场景中创建一个茶壶，如图6-5所示。

图6-4

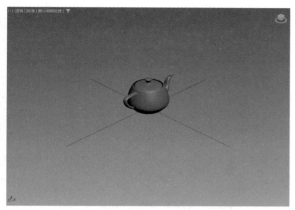

图6-5

02 在"创建"面板中单击"平面"按钮，如图6-6所示。在场景中创建一个平面，如图6-7所示。

图6-6

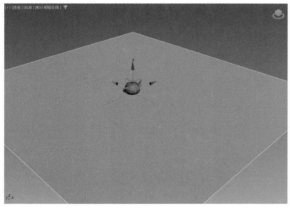

图6-7

03 在"透视"视图中，选择好场景的观察角度后，按Ctrl+C组合键，即可在场景中根据"透视"视图的观察角度创建一个"物理"摄影机。同时，"透视"视图也会自动切换为"摄影机"视图，并在视图左上角显示出摄影机的名称，如图6-8所示。

图6-8

04 按Shift+F组合键，可以在"摄影机"视图中显示出"安全框"，如图6-9所示。

图6-9

05 按Alt+W组合键，可以在四视图中观察所创建摄影机的位置，如图6-10所示。

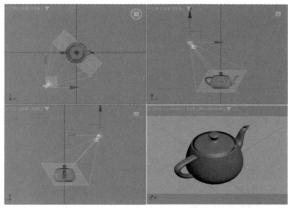

图6-10

06 在"物理摄影机"卷展栏中，设置"指定视野"为60度，如图6-11所示。

图6-11

07 设置完成后，"摄影机"视图的显示效果如图6-12所示，可以看出由于摄影机的拍摄范围增加了，所以画面中的茶壶显得小了一些。

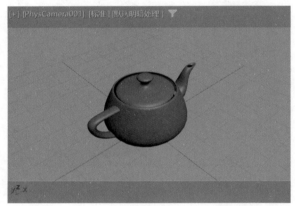

图6-12

技巧与提示： 在较小的空间内放置摄影机时，增加"指定视野"的值可以在画面中显示出更多的内容。

6.2.2　实例：使用"物理"摄影机制作景深效果

本实例主要讲解如何使用"物理"摄影机制作景深效果，渲染效果如图6-13所示。

图6-13

01 启动中文版3ds Max 2025软件，打开本书的配套资源"卧室.max"文件，如图6-14所示。

图6-14

02 在"创建"面板中，单击"物理"按钮，如图6-15所示。

图6-15

03 在"顶"视图中创建一个物理摄影机，如图6-16所示。

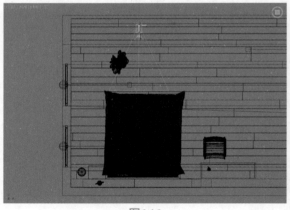

图6-16

技巧与提示： 摄影机的位置要放在房间模型的内部，不要放在房间模型的外面。

04 在"左"视图中调整摄影机的位置至图6-17所示。

图6-17

05 按C键，在"摄影机"视图中微调摄影机的观察角度至图6-18所示。

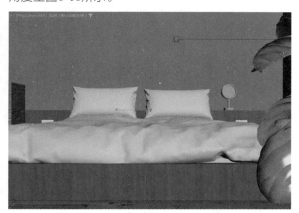

图6-18

06 在"物理摄影机"卷展栏中，设置"指定视野"为65度，如图6-19所示。

图6-19

07 设置完成后，"摄影机"视图中的显示效果如图6-20所示。

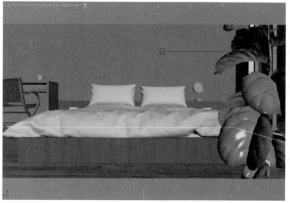

图6-20

08 渲染场景，渲染结果如图6-21所示。

图6-21

09 接下来开始制作景深效果。在"左"视图中，调整摄影机目标点的位置至图6-22所示。

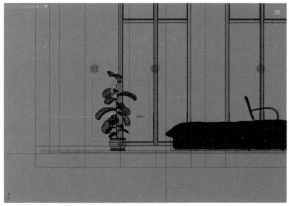

图6-22

10 在"物理摄影机"卷展栏中，勾选"启用景深"复选框，设置"光圈"为0.5，如图6-23所示。

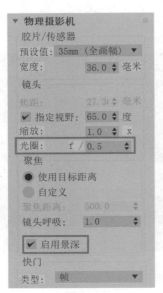

图6-23

⓫ 设置完成后，渲染场景，渲染结果如图6-24所示。

图6-24

⓬ 在"左"视图中，调整摄影机目标点的位置至图6-25所示。

图6-25

⓭ 再次渲染场景，渲染结果如图6-26所示。

图6-26

技巧与提示：渲染景深效果时，距离摄影机目标点越近的物体，渲染出来的效果越清楚，反之越模糊。

6.2.3 实例：使用"物理"摄影机制作运动模糊效果

本实例主要讲解如何使用"物理"摄影机制作运动模糊效果，渲染效果如图6-27所示。

图6-27

⓵ 启动中文版3ds Max 2025软件，打开本书的配套资源"卧室-运动模糊.max"文件，本场景已经设置好了摄影机，"摄影机"视图的显示效果如图6-28所示。

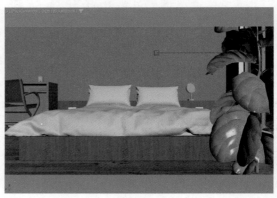

图6-28

02 选择场景中的距离摄影机较近的植物模型，如图6-29所示。

图6-29

03 在"调整轴"卷展栏中，单击"仅影响轴"按钮，使其处于被按下的状态，如图6-30所示。

图6-30

04 在视图中调整植物模型坐标轴的位置至植物模型的底部，如图6-31所示。

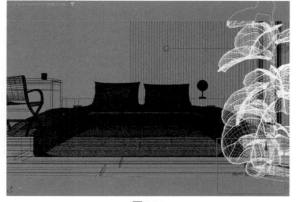

图6-31

05 再次单击"仅影响轴"按钮，使其处于未按下的状态，如图6-32所示，完成植物模型坐标轴位置的更改。

图6-32

06 在"修改"面板中，为植物模型添加"弯曲"（Bend）修改器，如图6-33所示。

图6-33

07 单击"自动"按钮，使其处于被按下状态，切换至"自动关键点"模式，如图6-34所示。

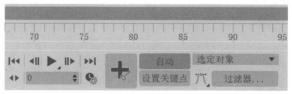

图6-34

08 在10帧位置处，设置"角度"为36，如图6-35所示。这样，一段植物随风摆动的简单动画就制作完成了。再次单击"自动"按钮，使其处于未被按下的状态，即可退出"自动关键点"模式。

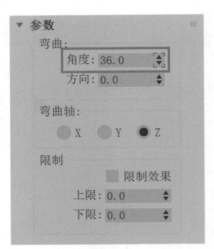

图6-35

09 设置完成后，播放场景动画，可以看到植物模型的动画效果如图6-36和图6-37所示。

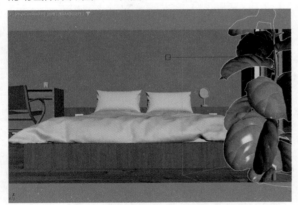

图6-36

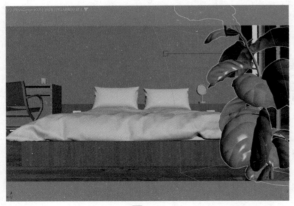

图6-37

10 选择摄影机，在"物理摄影机"卷展栏中勾选"启用运动模糊"复选框，设置"持续时间"为5，如图6-38所示。

图6-38

11 渲染场景，渲染结果如图6-39所示，可以看到画面上有着非常明显的运动模糊效果。

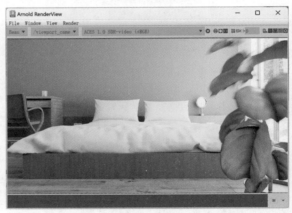

图6-39

第 7 章
材质与贴图

7.1
材质概述

　　"材质"就像颜料一样，可以为三维模型添加色彩及质感，为我们的作品注入活力。材质可以反映出对象的纹理、光泽、通透程度、反射及折射属性等特性，使得三维模型看起来不再色彩单一，显得更加真实和自然。图7-1和图7-2所示分别为场景添加了材质前后的渲染对比效果。

图7-1

图7-2

7.2
材质编辑器

　　3ds Max 2025所提供的"材质编辑器"面板非常重要，里面不但包含所有的材质及贴图命令，还提供了大量预先设置好的材质。"材质编辑器"面板有"精简材质编辑器"和"Slate材质编辑器"两种显示方式，如图7-3和图7-4所示。

图7-3

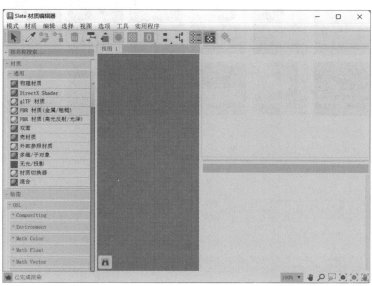
图7-4

由于在实际的工作中，"精简材质编辑器"更为常用，故本书以"精简材质编辑器"来进行讲解。

7.3
常用材质与贴图

在"材质/贴图浏览器"对话框中，可以找到3ds Max为用户提供的所有材质及贴图命令，如图7-5和图7-6所示。

图7-5

图7-6

7.3.1 基础知识：使用 Stable Diffusion 绘制砖墙贴图

本例主要演示在Stable Diffusion中使用文生图绘制砖墙贴图的操作方法。

01 在"模型"选项卡中，单击"RealVisXL V4.0"模型，如图7-7所示，并将其设置为"Stable Diffusion模型"。

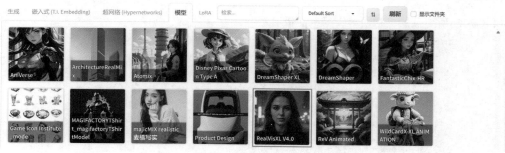

图7-7

02 在"文生图"选项卡中输入中文提示词"砖墙，平铺背景"后，按Enter键则可以生成对应的英文"brick_wall,tile_background,"，如图7-8所示。

图7-8

03 在"生成"选项卡中，设置"迭代步数（Steps）"为30、"宽度"为1024、"高度"为1024、"总批次数"为2，如图7-9所示。

图7-9

04 单击"生成"按钮，绘制出来的砖墙贴图效果如图7-10所示。

图7-10

05 补充中文提示词"破旧的"后，按Enter键则可以生成对应的英文"dilapidated,"，如图7-11所示。

图7-11

06 重绘图像，得到的砖墙贴图如图7-12所示。

图7-12

技巧与提示：读者需注意，名称中带有XL标记的Stable Diffusion模型可以直接绘制出更大分辨率的图像。

7.3.2 基础知识：使用 Stable Diffusion 绘制角色图像

本例主要演示在Stable Diffusion中使用文生图绘制水彩风格角色图像的操作方法。

01 在"模型"选项卡中，单击DreamShaper模型，如图7-13所示，并将其设置为"Stable Diffusion模型"。

02 在"文生图"选项卡中输入中文提示词："1女孩，黑色头发，马尾辫，水彩，墨水，微笑，上半身，格子衬衫"后，按Enter键则可以生成对应的英文："1girl,black hair,ponytail,watercolor_(medium),ink,smile,upper_body,plaid_shirt,"，并提高提示词"水彩"的权重为1.5、"墨水"的权重为1.5，如图7-14所示。

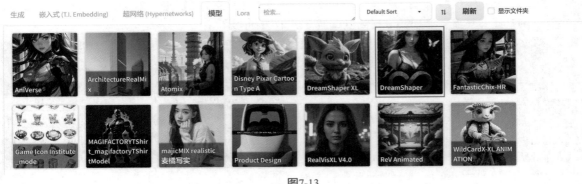

图7-13

Stable Diffusion 模型
DreamShaper.safetensors [879db523c3]

外挂 VAE 模型
None

CLIP 终止层数   2

文生图　图生图　后期处理　PNG 图片信息　模型融合　训练　无边图像浏览　模型转换　超级模型融合　模型工具箱

24/75

1girl,black hair,ponytail,(watercolor_(medium):1.5),(ink:1.5),smile,upper_body,plaid_shirt,

提示词 (24/75)　　　　　　　　　　　　　　　　　　　　　☑ 请输入新关键词

| 1girl × | black hair × | ponytail × | (watercolor_(medium):1.5) × | (ink:1.5) × | smile × | upper_body × | plaid_shirt × |

图7-14

03 在"生成"选项卡中，设置"迭代步数（Steps）"为30、"宽度"为512、"高度"为768、"总批次数"为2，如图7-15所示。

生成　嵌入式 (T.I. Embedding)　超网络 (Hypernetworks)　模型　Lora

迭代步数 (Steps)　　　　　　　　　30

采样方法 (Sampler)
⦿ DPM++ 2M Karras　○ DPM++ SDE Karras　○ DPM++ 2M SDE Exponential
○ DPM++ 2M SDE Karras　○ Euler a　○ Euler　○ LMS　○ Heun　○ DPM2
○ DPM2 a　○ DPM++ 2S a　○ DPM++ 2M　○ DPM++ SDE　○ DPM++ 2M SDE
○ DPM++ 2M SDE Heun　○ DPM++ 2M SDE Heun Karras　○ DPM++ 2M SDE Heun Exponential
○ DPM++ 3M SDE　○ DPM++ 3M SDE Karras　○ DPM++ 3M SDE Exponential　○ DPM fast
○ DPM adaptive　○ LMS Karras　○ DPM2 Karras　○ DPM2 a Karras
○ DPM++ 2S a Karras　○ Restart　○ DDIM　○ PLMS　○ UniPC　○ LCM

高分辨率修复 (Hires. fix)　◀　Refiner　◀

宽度　　　　　512　　　　总批次数　　　2
高度　　　　　768　　　↕　单批数量　　　1
提示词引导系数 (CFG Scale)　　　　　　7

图7-15

04 在ADetailer卷展栏中，勾选"启用After Detailer"复选框，设置"After Detailer模型"为"face_yolov8s.pt"，如图7-16所示。

ADetailer
☑ 启用 After Detailer
　　　　　　　　　　　v23.11.1

单元 1　单元 2

After Detailer 模型
face_yolov8s.pt

ADetailer 提示词
如果 ADetailer 的提示词为空，则使用默认提示词

ADetailer 反向提示词
如果 ADetailer 的反向提示词为空，则使用默认的反向提示词

图7-16

05 单击"生成"按钮，绘制出来的角色图像效果如图7-17所示。

图7-17

06 在"反向词"文本框内输入："正常质量，最差质量，低质量，低分辨率"，按Enter键，即可将其翻译为英文："normal quality,worstquality,low quality,lowres,"，并提高这些反向提示词的权重，如图7-18所示。

图7-18

07 重绘图像，得到的水彩风格角色图像效果如图7-19所示。

图7-19

> **技巧与提示**：使用AI绘画软件可以根据提示词快速绘制出大量相同内容的随机图像，我们可以择优使用。

7.3.3　基础知识："材质编辑器"的使用方法

本例主要演示添加材质、重置材质及删除材质的操作方法。

01 启动中文版3ds Max 2025软件，单击"创建"面板中的"茶壶"按钮，如图7-20所示。在场景中创建一个茶壶模型，如图7-21所示。

图7-20

图7-21

02 单击主工具栏上的"材质编辑器"图标，如图7-22所示。

图7-22

03 在打开"材质编辑器"面板中，可以看到默认的材质类型为"物理材质"，如图7-23所示。

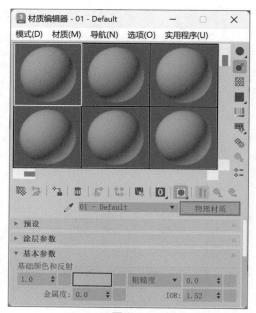

图7-23

04 选择场景中左侧的茶壶模型，如图7-24所示。在"材质编辑器"面板中，单击"将材质指定给选定对象"按钮，如图7-25所示，即可对茶壶模型指定该物理材质。

图7-24

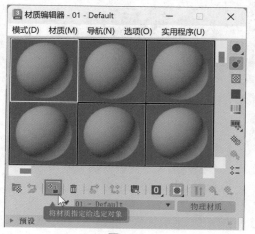

图7-25

05 设置完成后，茶壶模型的颜色会跟对应材质球的颜色保持一致，如图7-26所示。

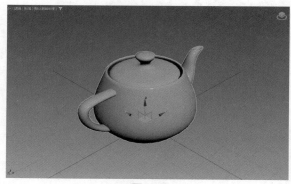

图7-26

06 按F4键，显示出模型的边线，我们可以看到添加了材质的茶壶模型，其边线的颜色仍然保持初始的蓝色不变，如图7-27所示。

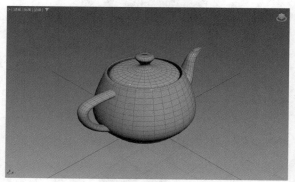

图7-27

07 如果"材质编辑器"面板中的材质球全部使用完毕，可以执行"实用程序"|"重置材质编辑器槽"命令，如图7-28所示。这样，"材质编辑器"面板中会出现一组新的材质球供我们使用。

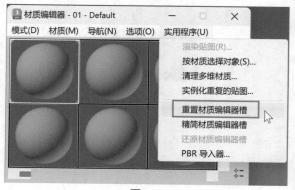

图7-28

08 我们还可以通过单击"从对象拾取材质"按钮来获取场景中模型的材质，如图7-29所示。

图7-29

09 在"实用程序"面板中,单击"更多"按钮,如图7-30所示。

图7-30

10 在弹出的"实用程序"对话框中执行"UVW移除"命令,如图7-31所示,并单击该对话框下方的"确定"按钮。

图7-31

11 在"参数"卷展栏中,单击"材质"按钮,可以删除所选模型的材质,如图7-32所示。

图7-32

12 设置完成后,观察场景,移除了材质后的茶壶模型又回到了最初的蓝色显示状态,如图7-33所示。

图7-33

7.3.4 实例:使用"物理材质"制作玻璃材质

本实例主要讲解使用"物理材质"制作玻璃材质的方法,渲染效果如图7-34所示。

图7-34

01 启动中文版3ds Max 2025软件,打开本书配套资源"玻璃材质.max"文件,如图7-35所示。本场景已经设置好了灯光、摄影机及渲染基本参数。

02 选择酒杯模型,在"材质编辑器"面板中为其指定一个默认的物理材质,并重新命名为"玻璃",如图7-36所示。

图7-35

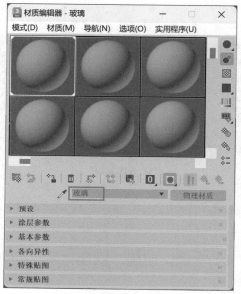

图7-36

03 在 "基本参数" 卷展栏中，设置 "透明度" 为1，如图7-37所示。

图7-37

04 设置完成后，玻璃材质的显示效果如图7-38所示。

图7-38

05 选择酒杯中的红酒模型，如图7-39所示。

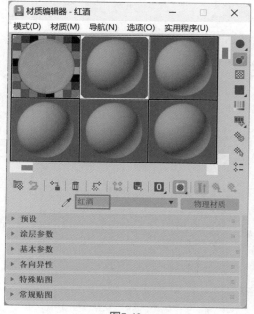

图7-39

06 在 "材质编辑器" 面板中为其指定一个默认的物理材质，并重新命名为 "红酒"，如图7-40所示。

图7-40

07 在 "基本参数" 卷展栏中，设置 "透明度" 为1、"透明度颜色" 为粉红色，如图7-41所示。"透明度颜色" 的参数设置如图7-42所示。

▼ 基本参数

基础颜色和反射

1.0　　　　　粗糙度 ▼ 0.0
　　金属度: 0.0　　IOR: 1.52

透明度

1.0　　　　　粗糙度 ▼ 0.0
　　深度: 0.0　　☐ 薄壁　　🔒

次表面散射

0.0　　　　　散射颜色:
　　深度: 10.0　　缩放: 1.0

发射

1.0　　　　　亮度: 1500 cd/m²
　　　　　　　开尔文: 6500.0

图7-41

场景 颜色选择器: 透明度颜色 ✕

色调　　白度　　参考的显示　　场景　　显示
红: 0.491 224
绿: 0.112 70
蓝: 0.248 139
Alpha: 1.0 255
色调: 0.94 236
饱和度: 0.972 175
亮度: 0.491 224
E0468B

重置(R)　　确定(O) 取消(C)

图7-42

08 设置完成后，红酒材质的显示效果如图7-43所示。

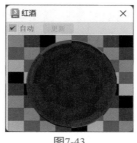

图7-43

09 将视图切换至"ActiveShade+标准"，即可看到材质渲染后的预览效果，如图7-44所示。

图7-44

10 渲染场景，本实例的渲染结果如图7-45所示。

图7-45

7.3.5　实例：使用"物理材质"制作金属材质

本实例主要讲解使用"物理材质"制作金属材质的方法，渲染效果如图7-46所示。

图7-46

01 启动中文版3ds Max 2025软件，打开本书配套资源"金属材质.max"文件，如图7-47所示。本场景已经设置好了灯光、摄影机及渲染基本参数。

图7-47

02 选择水壶和水杯模型，在"材质编辑器"面板中为其指定一个默认的物理材质，并重新命名为"金属"，如图7-48所示。

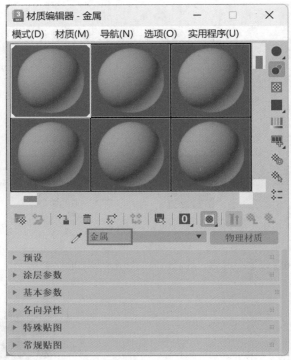

图7-48

03 在"基本参数"卷展栏中，设置"粗糙度"为0.1、"金属度"为1、"基础颜色"为黄色，如图7-49所示。"基础颜色"的参数设置如图7-50所示。

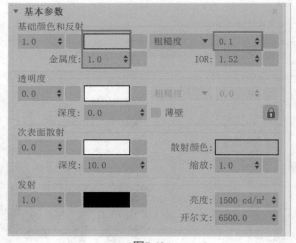

图7-49

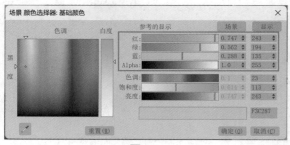

图7-50

04 设置完成后，金属材质的显示效果如图7-51所示。

图7-51

05 渲染场景，本实例的渲染结果如图7-52所示。

图7-52

7.3.6 实例：使用"物理材质"制作玉石材质

本实例主要讲解使用"物理材质"制作玉石材质的方法，渲染效果如图7-53所示。

图7-53

01 启动中文版3ds Max 2025软件，打开本书配套资源"玉石材质.max"文件，如图7-54所示。本场景已经设置好了灯光、摄影机及渲染基本参数。

图7-54

02 选择狮子摆件模型，在"材质编辑器"面板中为其指定一个默认的物理材质，并重新命名为"玉石"，如图7-55所示。

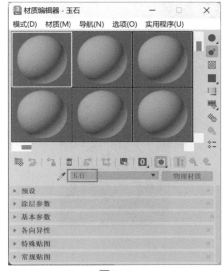

图7-55

03 在"基本参数"卷展栏中，设置"次表面散射"为1、"次表面散射颜色"为深绿色、"深度"为1、"散射颜色"为浅绿色，如图7-56所示。"次表面散射颜色"的参数设置如图7-57所示。"散射颜色"的参数设置如图7-58所示。

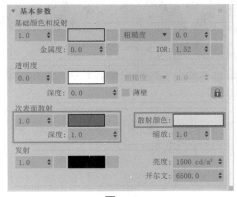

图7-56

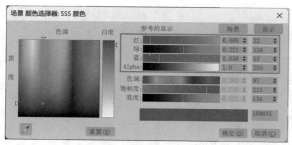

图7-57

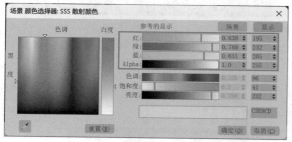

图7-58

04 设置完成后，玉石材质的显示效果如图7-59所示。

图7-59

05 渲染场景，本实例的渲染结果如图7-60所示。

图7-60

7.3.7 实例：使用"多维/子对象"材质制作陶瓷材质

本实例主要讲解使用"多维/子对象"材质制作陶瓷材质的方法，渲染效果如图7-61所示。

图7-61

01 启动中文版3ds Max 2025软件，打开本书配套资源"陶瓷材质.max"文件，如图7-62所示。本场景已经设置好了灯光、摄影机及渲染基本参数。

图7-62

02 选择碗模型，在"材质编辑器"面板中为其指定一个默认的物理材质，并重新命名为"蓝色陶瓷"，如图7-63所示。

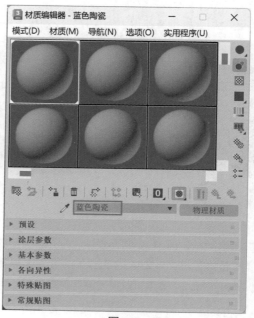

图7-63

03 在"基本参数"卷展栏中，设置"基础颜色"为蓝色，如图7-64所示。"基础颜色"的参数设置如图7-65所示。

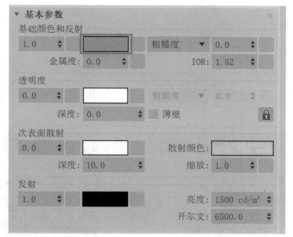

图7-64

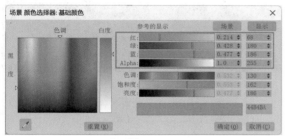

图7-65

04 设置完成后，蓝色陶瓷材质的显示效果如图7-66所示。

图7-66

05 在"材质编辑器"面板中，单击"物理材质"按钮，如图7-67所示。

06 在弹出的"材质/贴图浏览器"对话框中，选择"多维/子对象"材质后，单击"确定"按钮，如图7-68所示。

07 在弹出的"替换材质"对话框中选择"将旧材质保存为子材质"单选按钮，单击"确定"按钮，如图7-69所示。

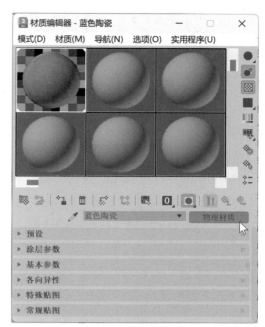

图7-67

图7-68

图7-69

08 在"多维/子对象基本参数"卷展栏中，设置"设置数量"为2，并将ID号为2的材质也设置为物理材质，并命名为"黄色陶瓷"，如图7-70所示。

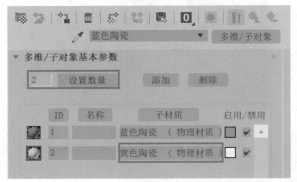

图7-70

09 在"基本参数"卷展栏中，设置"基础颜色"为黄色，如图7-71所示。"基础颜色"的参数设置如图7-72所示。

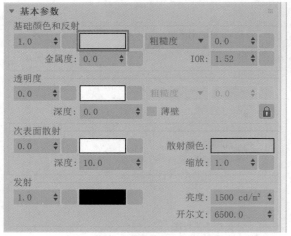

图7-71

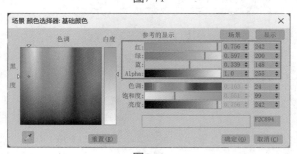

图7-72

10 设置完成后，黄色陶瓷材质的显示效果如图7-73所示。

11 选择碗模型上如图7-74所示的面。

12 在"多边形：材质ID"卷展栏中，设置"设置ID"为2，如图7-75所示。

图7-73

图7-74

图7-75

13 设置完成后，渲染场景，可以看到，对模型的面进行ID号设置，再配合"多维/子对象"材质，可以为模型的不同面分别设置不同的材质，如图7-76所示。

图7-76

7.3.8　实例：使用 Wireframe 贴图制作线框材质

本实例主要讲解使用Wireframe贴图制作线框材质的方法，渲染效果如图7-77所示。

图7-77

01 启动中文版3ds Max 2025软件，打开本书配套资源"线框材质.max"文件，如图7-78所示。本场景已经设置好了灯光、摄影机及渲染基本参数。

图7-78

02 选择玩具熊模型，在"材质编辑器"面板中为其指定一个默认的物理材质，并重新命名为"棕色线框"，如图7-79所示。

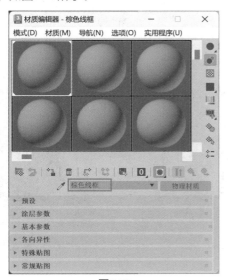

图7-79

03 在"基本参数"卷展栏中，设置"粗糙度"为0.8，单击"单击以拾取贴图（或放置贴图）"按钮，如图7-80所示。

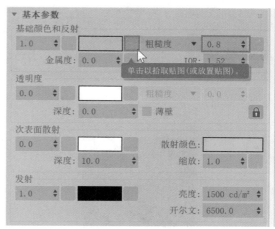

图7-80

04 在弹出的"材质/贴图浏览器"对话框中，选择Wireframe贴图，并单击"确定"按钮，如图7-81所示。

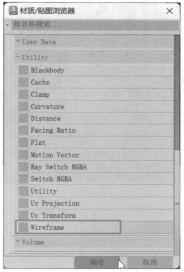

图7-81

05 在Parameters卷展栏中，设置"Fill Color"为棕色，如图7-82所示。"Fill Color"的参数设置如图7-83所示。

06 设置完成后，棕色线框材质的显示效果如图7-84所示。

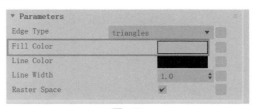

图7-82

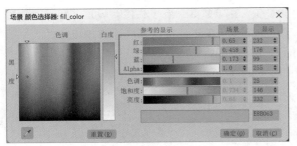

图7-83

图7-84

07 选择玩具熊身上的衣服模型，如图7-85所示。

图7-85

08 在"材质编辑器"面板中为其指定一个默认的物理材质，并重新命名为"红色线框"，如图7-86所示。

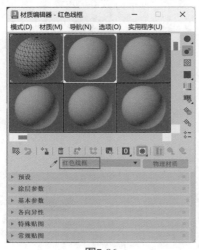

图7-86

09 使用同样的操作步骤为其"基础颜色"添加Wireframe贴图后，在Parameters卷展栏中，设置"Fill Color"为红色，如图7-87所示。"Fill Color"的参数设置如图7-88所示。

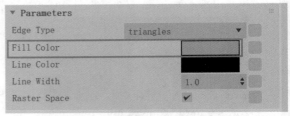

图7-87

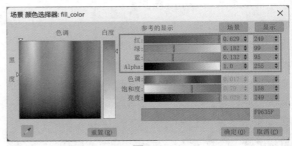

图7-88

10 设置完成后，红色线框材质的显示效果如图7-89所示。

图7-89

11 渲染场景，本实例的渲染结果如图7-90所示。

图7-90

7.3.9 实例：使用"渐变坡度"贴图制作渐变色材质

本实例主要讲解使用"渐变坡度"贴图制作渐变色材质的方法，渲染效果如图7-91所示。

图7-91

01 启动中文版3ds Max 2025软件，打开本书配套资源"渐变材质.max"文件，如图7-92所示。本场景已经设置好了灯光、摄影机及渲染基本参数。

图7-92

02 选择玻璃杯模型，在"材质编辑器"面板中为其指定一个默认的物理材质，并重新命名为"渐变色"，如图7-93所示。

图7-93

03 在"基本参数"卷展栏中，设置"透明度"为1，单击"单击以拾取贴图（或放置贴图）"按钮，如图7-94所示。

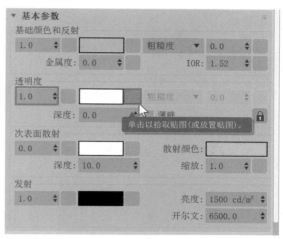

图7-94

04 在弹出的"材质/贴图浏览器"对话框中，选择"渐变坡度"贴图，并单击"确定"按钮，如图7-95所示。

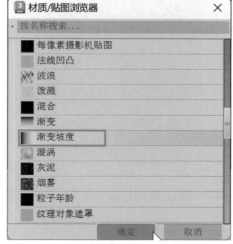

图7-95

05 选择玻璃杯模型，在"修改"面板中，为其添加"UVW贴图"修改器，如图7-96所示。

图7-96

06 在"参数"卷展栏中，设置"对齐"为X，再单击"适配"按钮，如图7-97所示。

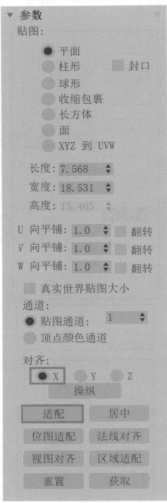

图7-97

07 设置完成后，玻璃杯的视图显示效果如图7-98所示。

图7-98

08 在"渐变坡度参数"卷展栏中，设置渐变颜色至图7-99所示。

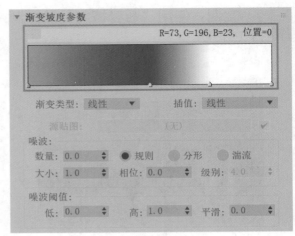

图7-99

09 设置完成后，玻璃杯的视图显示效果如图7-100所示，玻璃杯上的颜色看起来较暗。

图7-100

10 在"基本参数"卷展栏中，设置"深度"为0.3，如图7-101所示。

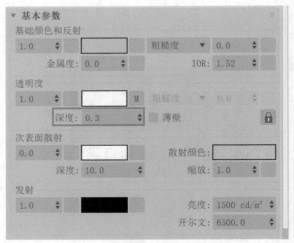

图7-101

11 设置完成后，玻璃杯的视图显示效果如图7-102所示，玻璃杯上的颜色看起来明亮了许多。

图7-102

12 制作好的渐变材质显示效果如图7-103所示。

图7-103

13 渲染场景，本实例的渲染结果如图7-104所示。

图7-104

7.3.10 实例：使用 Color Jitter 贴图制作随机颜色材质

本实例主要讲解使用Color Jitter贴图制作随机颜色材质的方法，渲染效果如图7-105所示。

图7-105

01 启动中文版3ds Max 2025软件，打开本书配套资源"随机材质.max"文件，如图7-106所示。本场景已经设置好了灯光、摄影机及渲染基本参数。

图7-106

02 选择场景中的5个塑料杯模型，在"材质编辑器"面板中为其指定一个默认的物理材质，并重新命名为"随机色"，如图7-107所示。

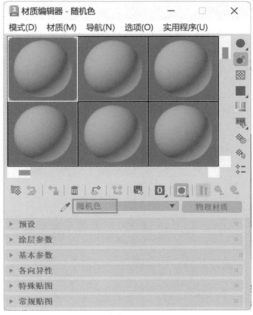

图7-107

03 在"基本参数"卷展栏中，设置"粗糙度"为0.4，单击"单击以拾取贴图（或放置贴图）"按钮，如图7-108所示。

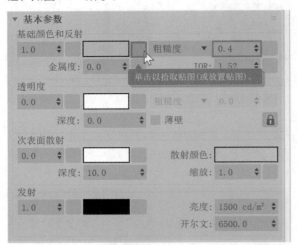

图7-108

04 在"材质/贴图浏览器"对话框中，选择"Color Jitter"贴图后，单击"确定"按钮，如图7-109所示。

图7-109

05 在Input卷展栏中，设置Input颜色为黄色，如图7-110所示。Input颜色的参数设置如图7-111所示。

06 设置完成后，塑料杯的视图显示效果如图7-112所示。

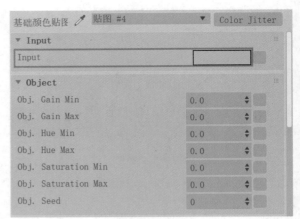

图7-110

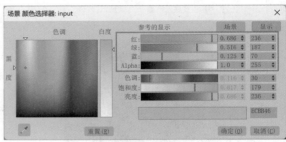

图7-111

图7-112

07 在Object卷展栏中，设置"Obj.Hue Max为0.3"，如图7-113所示。

▼ Object		
Obj. Gain Min	0.0	
Obj. Gain Max	0.0	
Obj. Hue Min	0.0	
Obj. Hue Max	0.3	
Obj. Saturation Min	0.0	
Obj. Saturation Max	0.0	
Obj. Seed	0	

图7-113

08 设置完成后，塑料杯的视图显示效果如图7-114所示，可以看出这5个塑料杯的颜色有些不太一样。

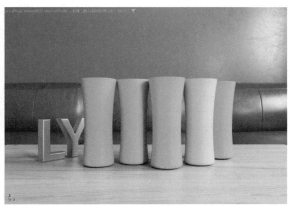

图7-114

09 在Object卷展栏中，设置"Obj.Hue Max"为1，如图7-115所示。

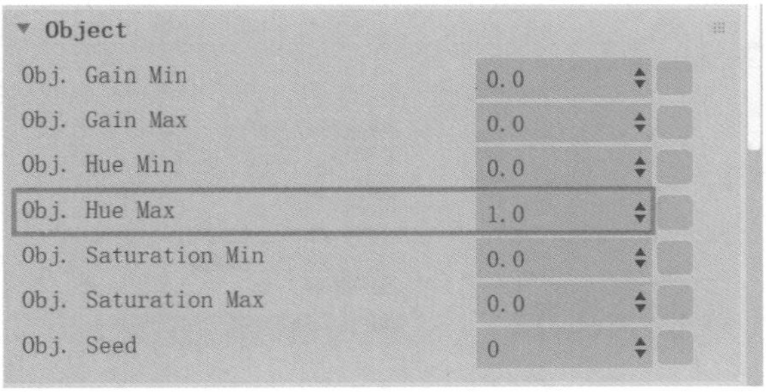

图7-115

10 设置完成后，塑料杯的视图显示效果如图7-116所示，可以看出这5个塑料杯的颜色发生了非常明显的变化。

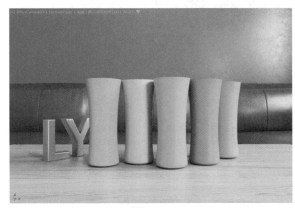

图7-116

11 在Object卷展栏中，设置"Obj.Seed"为2，如图7-117所示。

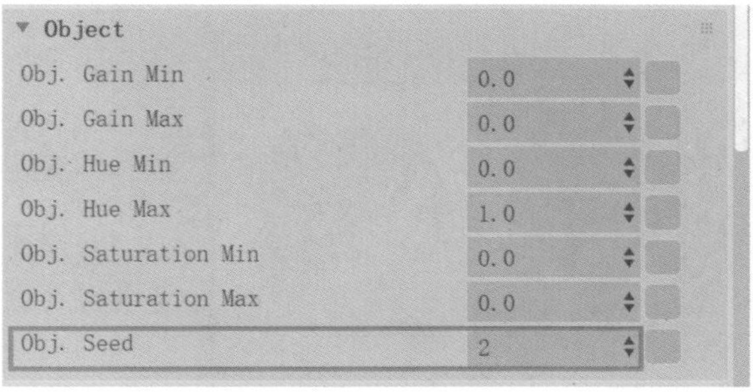

图7-117

技巧与提示： 通过设置"Obj.Seed"值可以很方便地随机更改每个杯子的颜色。

12 设置完成后，塑料杯的视图显示效果如图7-118所示，可以看出这5个塑料杯的颜色发生了随机变化。

图7-118

13 渲染场景，本实例的渲染结果如图7-119所示。

图7-119

7.3.11 实例：使用"UVW 贴图"修改器制作画框材质

本实例主要讲解使用"UVW贴图"修改器调整图像坐标并制作画框材质的方法，渲染效果如图7-120所示。

图7-120

01 启动中文版3ds Max 2025软件，打开本书配套资源"画框材质.max"文件，如图7-121所示。本场景已经设置好了灯光、摄影机及渲染基本参数。

图7-121

02 选择场景中的画框模型，在"材质编辑器"面板中为其指定一个默认的物理材质，并重新命名为"画框"，如图7-122所示。

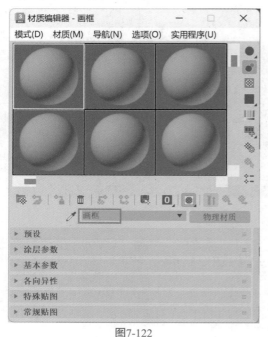

图7-122

03 在"基本参数"卷展栏中，设置"基础颜色和反射"为深灰色、"粗糙度"为0.5，如图7-123所示。"基础颜色"的参数设置如图7-124所示。

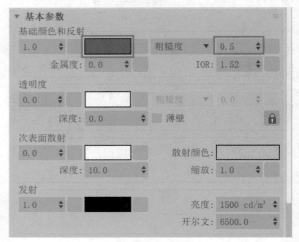

图7-123

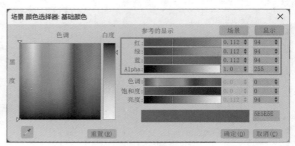

图7-124

04 设置完成后，画框材质的显示效果如图7-125所示。

图7-125

05 选择场景中的画框模型上如图7-126所示的面，在"材质编辑器"面板中为其指定一个默认的物理材质，并重新命名为"白色"，如图7-127所示。

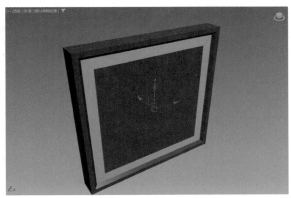

图7-126

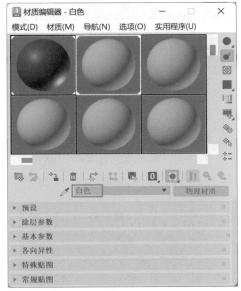

图7-127

06 在"基本参数"卷展栏中,设置"基础颜色"为白色、"粗糙度"为0.8,如图7-128所示。

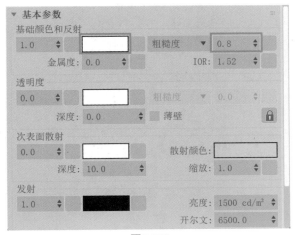

图7-128

07 设置完成后,白色材质的显示效果如图7-129所示。

图7-129

08 选择场景中的画框模型上如图7-130所示的面,在"材质编辑器"面板中为其指定一个默认的物理材质,并重新命名为"画",如图7-131所示。

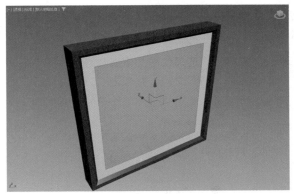

图7-130

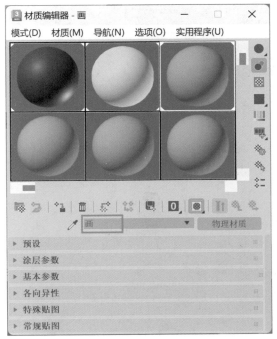

图7-131

09 在"基本参数"卷展栏中,单击"单击以拾取贴图(或放置贴图)"按钮,如图7-132所示。

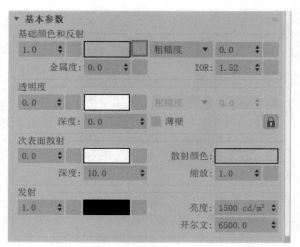

图7-132

⑩ 在弹出的"材质/贴图浏览器"对话框中，选择"位图"贴图，并单击"确定"按钮，如图7-133所示。在弹出的"选择位图图像文件"对话框中选择"AI水彩画.png"文件，并单击"打开"按钮，如图7-134所示。

图7-133

图7-134

⑪ 在"修改"面板中，为所选择的面添加"UVW贴图"修改器，如图7-135所示。

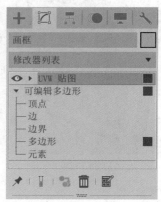

图7-135

⑫ 在"参数"卷展栏中，设置"对齐"为Y后，单击"位图适配"按钮，如图7-136所示。

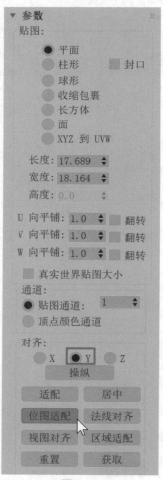

图7-136

⑬ 在弹出的"选择图像"对话框中选择"AI水彩画.png"文件，并单击"打开"按钮，如图7-137所示。

图7-137

14 设置完成后，画框模型的视图显示结果如图7-138所示。

图7-138

15 在视图中调整Gizmo的位置的大小至图7-139所示，完成画框贴图坐标的设置。

图7-139

16 渲染场景，本实例的渲染结果如图7-140所示。

图7-140

7.3.12　实例：使用"UVW 展开"修改器制作图书材质

本实例主要讲解使用"UVW展开"修改器调整图像坐标并制作图书材质的方法，渲染效果如图7-141所示。

图7-141

01 启动中文版3ds Max 2025软件，打开本书配套资源"图书材质.max"文件，如图7-142所示。本场景已经设置好了灯光、摄影机及渲染基本参数。

图7-142

02 选择场景中的图书模型，在"材质编辑器"面板中为其指定一个默认的物理材质，并重新命名为"图书"，如图7-143所示。

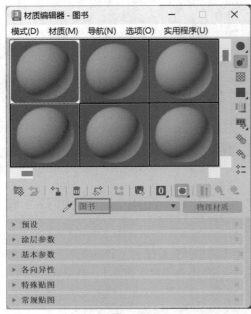

图7-143

03 在"基本参数"卷展栏中，设置"粗糙度"为0.3，单击"单击以拾取贴图（或放置贴图）"按钮，如图7-144所示。

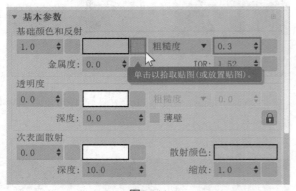

图7-144

04 在弹出的"材质/贴图浏览器"对话框中，选择"位图"贴图，并单击"确定"按钮，如图7-145所示。在弹出的"选择位图图像文件"对话框中选择"图书封面.jpg"文件，并单击"打开"按钮，如图7-146所示。

图7-145

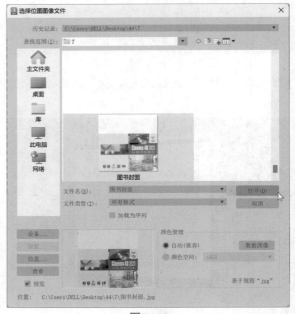

图7-146

05 设置完成后，图书模型的视图显示结果如图7-147所示。

图7-147

06 选择图书模型，在"修改"面板中，为其添加"UVW展开"修改器，如图7-148所示。

图7-148

07 在"编辑UV"卷展栏中，单击"打开UV编辑器"按钮，如图7-149所示，即可打开"编辑UVW"面板，如图7-150所示。

图7-149

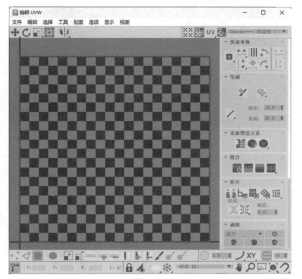

图7-150

08 在"编辑UVW"面板中，设置工作区的背景显示为"图书封面.jpg"，如图7-151所示。

图7-151

09 选择如图7-152所示的面，在"编辑UVW"面板中调整其大小和位置至图7-153所示。

图7-152

图7-153

10 设置完成后，观察场景中的图书模型，可以看到其贴图显示效果如图7-154所示。

图7-154

11 使用同样的操作步骤对图书模型的其他面进行调整，在"编辑UVW"面板中调整完成后的效果如图7-155所示。

图7-155

技巧与提示：建议读者观看本实例的配套教学视频来学习调整模型贴图坐标的知识与技巧。

12 设置完成后，观察场景中的图书模型，可以看到其贴图显示效果如图7-156所示。

图7-156

13 渲染场景，本实例的渲染结果如图7-157所示。

图7-157

7.3.13　实例：使用"UVW展开"修改器制作花盆材质

本实例主要讲解使用"UVW展开"修改器调整图像坐标并制作花盆材质的方法，渲染效果如图7-158所示。

图7-158

01 启动中文版3ds Max 2025软件，打开本书配套资源"花盆材质.max"文件，如图7-159所示。本场景已经设置好了灯光、摄影机及渲染基本参数。

图7-159

02 选择场景中的花盆模型，在"材质编辑器"面板中为其指定一个默认的物理材质，并重新命名为"花盆"，如图7-160所示。

图7-160

03 在"基本参数"卷展栏中，设置"粗糙度"为0.2，单击"单击以拾取贴图（或放置贴图）"按钮，如图7-161所示。

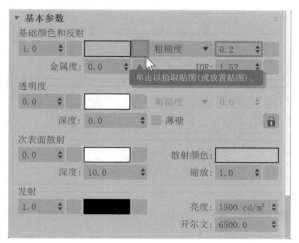

图7-161

04 在弹出的"材质/贴图浏览器"对话框中选择"位图"贴图，并单击"确定"按钮，如图7-162所示。在弹出的"选择位图图像文件"对话框中选择"花盆纹理.jpg"文件，并单击"打开"按钮，如图7-163所示。

05 设置完成后，花盆模型的视图显示结果如图7-164所示，可以看出模型表面并没有显示出任何花纹。

06 选择花盆模型，在"修改"面板中，为其添加"UVW展开"修改器，如图7-165所示。

图7-162

图7-163

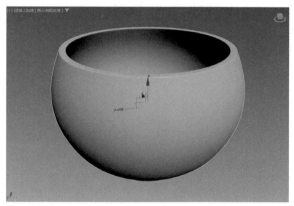

图7-164

图7-165

07 在"编辑UV"卷展栏中，单击"打开UV编辑器"按钮，如图7-166所示，即可打开"编辑UVW"面板，如图7-167所示。

图7-166

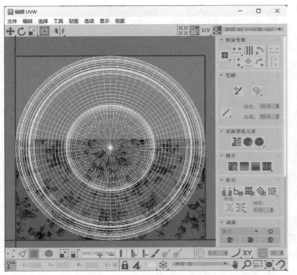

图7-167

08 选择花盆顶部如图7-168所示的边线，在"炸开"卷展栏中，单击"断开"按钮，如图7-169所示。断开后的边线呈绿色显示状态，如图7-170所示。

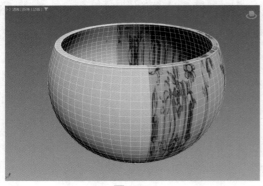

图7-168

图7-169

图7-170

09 选择花盆底部如图7-171所示的边线，使用同样的操作步骤将其断开。

图7-171

10 选择花盆侧面如图7-172所示的边线，使用同样的操作步骤将其断开。

图7-172

11 选择如图7-173所示的面，在"剥离"卷展栏中，单击"快速剥离"按钮，如图7-174所示，即可对所选择的面进行展开UV操作，得到如图7-175所示的显示结果。

图7-173

图7-174

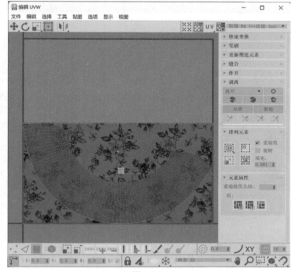

图7-175

12 在"重新塑造元素"卷展栏中，单击"拉直选定项"按钮，如图7-176所示，即可得到如图7-177所示的显示结果。

图7-176

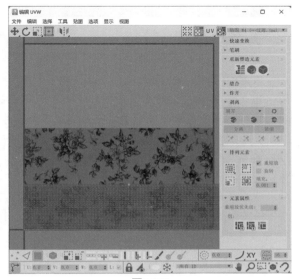

图7-177

13 在"编辑UV"卷展栏中，调整花盆的贴图坐标至图7-178所示。

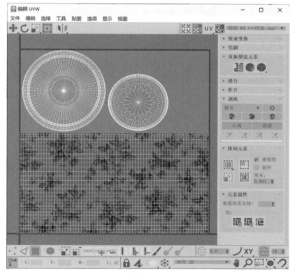

图7-178

14 设置完成后，观察场景中的花盆模型，可以看到其贴图显示效果如图7-179所示。

图7-179

15 渲染场景，本实例的渲染结果如图7-180所示。

图7-180

8.1 动画概述

动画基于被称为"视觉暂留现象"的人类视觉原理。如果快速查看一系列相关的静态图像，我们会感觉到这是一个连续的运动。每个单独图像称为一帧，产生的运动实际上源自观众的视觉系统在每看到一帧后会在该帧停留的一小段时间。我们日常所观看的电影实际上就是以一定的速率连续不断地播放多张胶片所产生的一种视觉感受。相似的是，3ds Max 2025也可以将动画师所设置的动画以类似的方式输出到我们的计算机中，这些由静帧图像构成的连续画面被称为"帧"。图8-1~图8-4就是一组建筑生长动画的4幅渲染序列帧。

图8-3

图8-4

图8-1

图8-2

8.2 关键帧动画

关键帧动画是3ds Max 2025动画技术中最常用的，也是最基础的动画设置技术。说简单些，就是在物体动画的关键时间点上进行数据记录，3ds Max根据这些关键点上的数据设置来完成中间时间段内的动画计算，这样一段流畅的三维动画就制作完成了。在3ds Max 2025界面的右下方找到"自动"按钮并按下，软件即可开始记录用户对当前场景所做的改变，如图8-5所示。

图8-5

8.2.1 基础知识：使用 Stable Diffusion 绘制风景画图像

本实例主要演示在Stable Diffusion中使用文生图绘制水墨画风格风景画的操作方法。

01 在"模型"选项卡中，单击"ReV Animated"模型，如图8-6所示，并将其设置为"Stable Diffusion模型"。

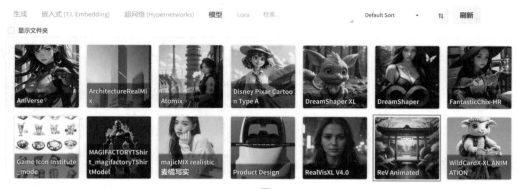

图8-6

02 在"文生图"选项卡中输入中文提示词："山脉，建筑，凉亭，风景，树，云"后，按Enter键则可以生成对应的英文："mountain,magnificent_architecture,gazebo,scenery,tree,cloud,"，如图8-7所示。

图8-7

03 在"生成"选项卡中，设置"迭代步数（Steps）"为35、"宽度"为400、"高度"为768、"总批次数"为2，如图8-8所示。

图8-8

04 在"高分辨率修复（Hires.fix）"卷展栏中，设置"高分迭代步数"为20，如图8-9所示。

图8-9

05 单击"生成"按钮，绘制出来的风景画效果如图8-10所示。

06 在Lora选项卡中，单击"JZCG036-中国山水建筑"模型，如图8-11所示。

07 设置完成后，可以看到该Lora模型会出现在提示词文本框中，并设置其权重为0.8，如图8-12所示。

图8-10

图8-11

图8-12

08 重绘图像，最终绘制完成的风景画效果如图8-13所示。

技巧与提示：目前，AI绘画软件还不能绘制出准确无误的中文文字，所以本例中绘制出来的画上的文字仅可当作文字形状的图案效果。

图8-13

8.2.2 基础知识：关键帧设置方法

本实例主要演示设置关键帧的操作方法。

01 启动中文版3ds Max 2025软件，单击"创建"面板中的"茶壶"按钮，如图8-14所示。在场景中创建一个茶壶模型，如图8-15所示。

图8-14

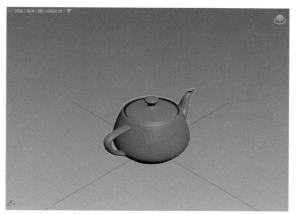

图8-15

02 单击"自动"按钮，使其处于被按下状态，可以看到"透视"视图和界面下方时间滑块都呈红色显示，这说明软件的动画记录功能开始启动，如图8-16所示。

图8-16

03 在50帧位置处，移动茶壶模型至图8-17所示的位置处。同时观察场景，可以看到在时间滑块的下方生成了红色的关键帧。

04 在100帧位置处，移动茶壶模型至图8-18所示的位置处。同时观察场景，可以看到在时间滑块的下方又生成了一个红色的关键帧。

05 动画制作完成后，再次单击"自动"按钮，关闭软件的自动记录动画功能。播放场景动画，即可看到茶壶模型的位移动画已经制作完成了。在"运动"面板中，单击"运动路径"按钮，使其处于被按下状态，如图8-19所示。

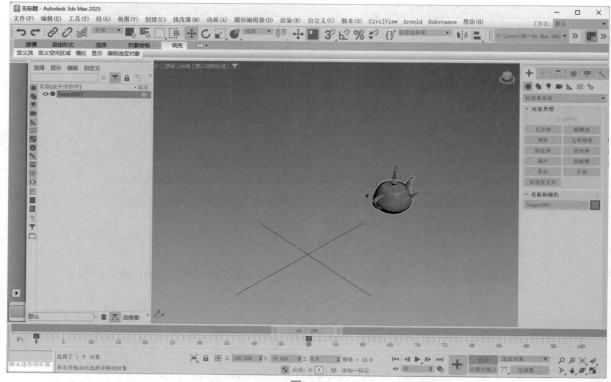

图8-17

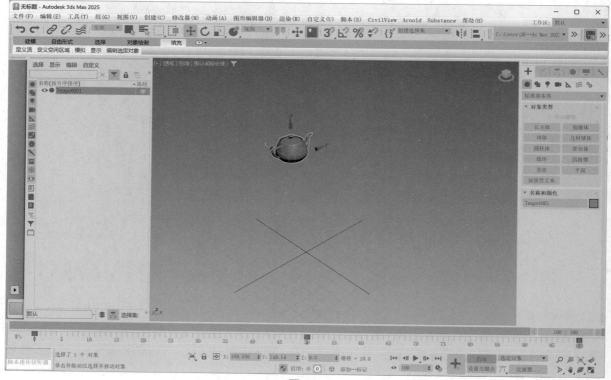

图8-18

图8-19

06 在视图中可以看到茶壶模型的运动路径，如图8-20所示。

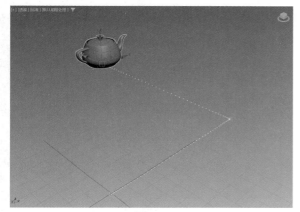

图8-20

07 在"运动"面板中，"运动路径"按钮处于被按下状态时，再单击"子对象"按钮，也使其处于被按下状态，如图8-21所示，即可在场景中选中茶壶模型的关键点，通过调整关键点的位置来改变茶壶运动的路径，如图8-22所示。

图8-21

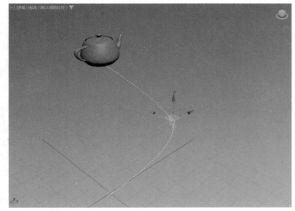

图8-22

08 在"顶"视图中，调整关键点两侧的手柄位置可以控制茶壶模型产生曲线运动效果，如图8-23所示。

图8-23

09 在 0 帧位置处，选择茶壶模型，执行"动画"|"删除选定动画"命令，即可删除茶壶模型的动画效果。

8.2.3 实例：使用"曲线编辑器"制作文字变换动画

本实例主要讲解使用"曲线编辑器"制作文字变换的动画效果，渲染效果如图8-24所示。

图8-24

01 启动中文版3ds Max 2025软件，打开本书配套资源"文字.max"文件，本场景中有两个文字模型，如图8-25所示。

图8-25

02 单击"自动"按钮，使其处于被按下状态，如图8-26所示。

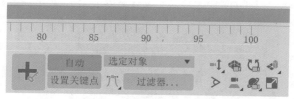

图8-26

03 在35帧位置处，选择场景中的"天气预报"文字模型，如图8-27所示。

图8-27

04 右击并在弹出的"变换"快捷菜单中执行"对象属性"命令，如图8-28所示。

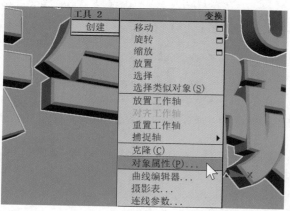

图8-28

05 在弹出的"对象属性"对话框中，设置"可见性"为0后，单击"确定"按钮，关闭该对话框，如图8-29所示。

06 设置完成后，可以看到在0帧和35帧位置处所生成的动画关键帧，如图8-30所示。

07 在主工具栏上单击"曲线编辑器"图标，如图8-31所示。

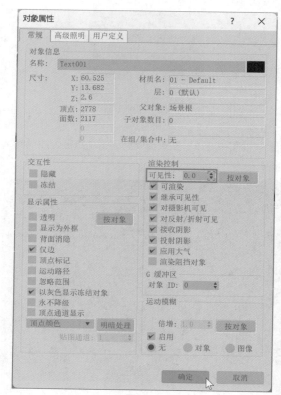

图8-29

图8-30

图8-31

08 在"轨迹视图-曲线编辑器"面板中，选择如图8-32所示的关键点。单击"将切线设置为阶梯式"按钮，得到如图8-33所示的动画曲线效果。这样，使得文字模型在场景中的0~34帧都处于可见状态，到35帧开始突然消失。

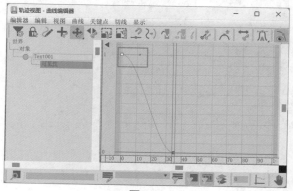

图8-32

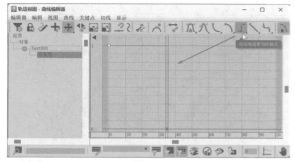

图8-33

09 以相同的操作步骤制作出场景中另一个拼音文字模型的出现动画，并在"轨迹视图-曲线编辑器"面板中调整动画曲线的形态至图8-34所示。使得该文字模型在场景中的0~34帧都不可见，到35帧开始突然出现。

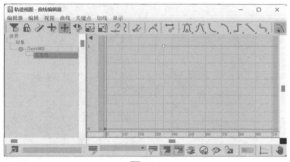

图8-34

10 接下来，开始制作这两个文字的旋转动画。选择场景中的天气预报文字模型，在35帧处将其沿Z轴向旋转90°，如图8-35所示。

图8-35

11 在"轨迹视图-曲线编辑器"面板中，观察文字模型的旋转动画曲线，如图8-36所示。

12 选择旋转动画的曲线，单击"将切线设置为线性"按钮，调整旋转动画的曲线至图8-37所示。

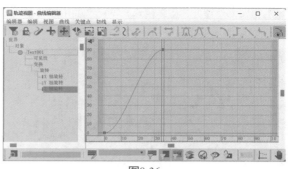

图8-36

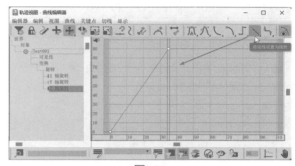

图8-37

13 设置完成后，关闭"轨迹视图-曲线编辑器"面板，播放场景动画，可以看到现在文字的旋转动画是匀速的运动状态。

14 选择拼音文字模型，在35帧位置处，旋转其角度至图8-38所示。

图8-38

15 将光标放置在时间滑块上，右击，在弹出的"创建关键点"对话框中勾选"旋转"复选框后，单击"确定"按钮，如图8-39所示。

图8-39

16 在70帧位置处，旋转拼音文字模型的角度至图8-40所示，制作出拼音文字模型的旋转动画。

图8-40

17 以同样的步骤在"轨迹视图-曲线编辑器"面板中调整其动画曲线如图8-41所示。

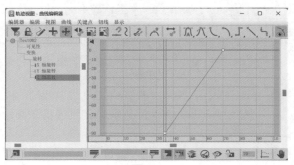

图8-41

18 设置完成后，再次按N键，关闭动画自动记录功能。在场景中调整天气预报文字模型的位置至图8-42所示位置处。

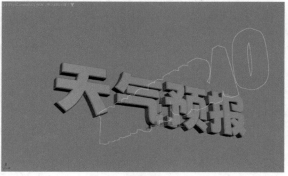

图8-42

19 播放场景动画，本实例的动画完成效果如图8-43所示。

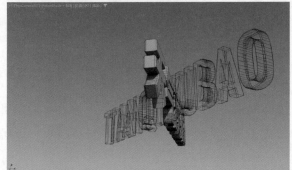

图8-43

8.2.4　实例：使用"弯曲"修改器制作"画"展开动画

本实例主要讲解使用"弯曲"修改器制作一幅画展开的动画效果，渲染效果如图8-44所示。

图8-44

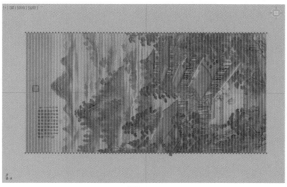

图8-47

01 启动中文版3ds Max 2025软件，打开配套资源文件"画.max"，里面有一张画模型，如图8-45所示。

图8-45

02 选择画模型，在"修改"面板中，为其添加"多边形选择"修改器，如图8-46所示。

图8-46

03 在"顶"视图中，选择画模型上的所有顶点，如图8-47所示。

04 在"修改"面板中添加"X变换"修改器，并进入"中心"子层级，如图8-48所示。

05 在"中心"子层级中，查看其中心的位置，如图8-49所示，并调整中心的位置至图8-50所示。

图8-48

图8-49

图8-50

06 在"X变换"修改器的Gizmo子层级中，如图8-51所示，使用"旋转工具"沿Y轴对选择的顶点旋转0.6°，如图8-52所示。

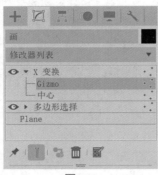

图8-51

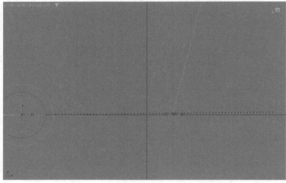

图8-52

技巧与提示：在这里使用"X变换"修改器的目的是为了卷轴卷起来后，其中间可以产生缝隙，从而避免渲染时因画面重叠产生"闪烁"现象。

07 在"修改"面板中，为画模型添加"弯曲（Bend）"修改器，如图8-53所示。

图8-53

技巧与提示："弯曲"修改器在"修改器列表"中的名称为中文显示，添加完成后，在"修改器堆栈"中其名称则显示为英文Bend。

08 在"参数"卷展栏中，设置"角度"为-2000、"弯曲轴"为X，勾选"限制效果"复选框，设置"上限"为150、"下限"为0，如图8-54所示。设置完成后，卷轴的弯曲效果如图8-55所示。

图8-54

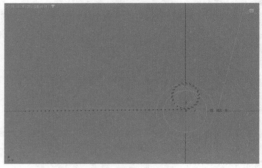

图8-55

09 在"弯曲"修改器的"中心"子层级中，如图8-56所示，调整中心的位置至图8-57所示，则可以控制画的开合动画效果。

图8-56

图8-57

10 单击软件界面下方右侧的"自动"按钮，使其处于背景色为红色的按下状态，如图8-58所示。

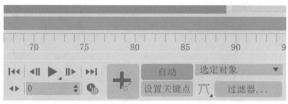

图8-58

11 在80帧位置处，调整"弯曲"修改器的中心的位置至图8-59所示，使得卷轴为打开状态。动画制作完成后，再次单击"自动"按钮，关闭自动关键点模式。

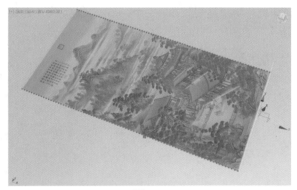

图8-59

12 本实例的最终动画完成效果如图8-60所示。

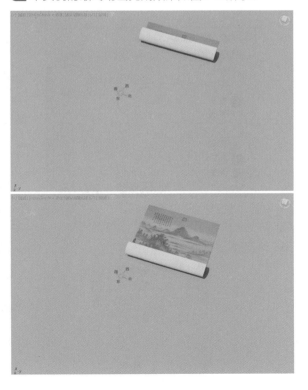

图8-60

8.2.5 实例：使用"渐变坡度"贴图制作文字消失动画

本实例主要讲解使用"渐变坡度"贴图制作文字消失的动画效果，渲染效果如图8-61所示。

图8-61

01 启动中文版3ds Max 2025软件，打开配套资源文件"hello.max"，里面有1个英文文字模型，并且已经设置好了摄影机及灯光，如图8-62所示。

02 选择场景中的文字模型，按M键，打开"材质编辑器"面板，为其指定一个默认的"物理材质"，并重命名材质名称为"文字"，如图8-63所示。

03 在"基本参数"卷展栏中，设置"粗糙度"为0.35、"基础颜色"为橙色，如图8-64所示。"基础颜色"的参数设置如图8-65所示。

图8-62

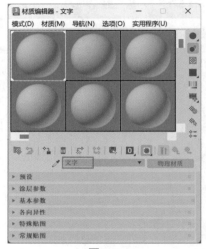

图8-63

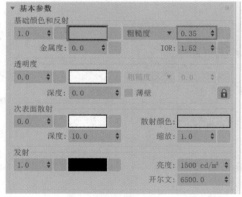

图8-64

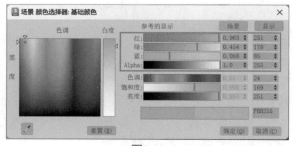

图8-65

04 场景的渲染预览结果如图8-66所示。

图8-66

05 在"特殊贴图"卷展栏中，单击"裁切（不透明度）"后面的"无贴图"按钮，如图8-67所示。

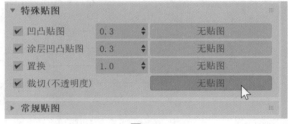

图8-67

06 在弹出的"材质/贴图浏览器"对话框中，选择"渐变坡度"贴图，并单击"确定"按钮，如图8-68所示。

图8-68

07 在"修改"面板中，为文字模型添加"UVW贴图"修改器，如图8-69所示。

图8-69

08 添加完成后，文字模型的渲染预览结果如图8-70所示。

图8-70

09 渲染场景，渲染结果如图8-71所示。可以看到渲染结果与渲染预览效果较为一致。

图8-71

10 在"渐变坡度参数"卷展栏中，设置渐变颜色如图8-72所示。

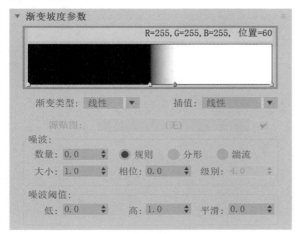

图8-72

11 在"修改"面板中，进入"UVW贴图"修改器的Gizmo子层级，如图8-73所示。

图8-73

12 在0帧位置处，调整Gizmo的大小和位置至图8-74所示。

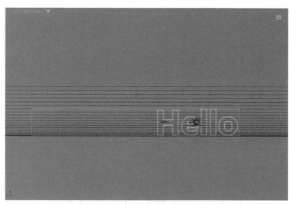

图8-74

13 单击软件界面下方右侧的"自动"按钮，使其处于背景色为红色的按下状态，如图8-75所示。

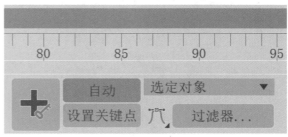

图8-75

14 在60帧位置处，移动Gizmo的位置至图8-76所示。这样，系统会自动在60帧位置处生成一个关键帧。

15 设置完成后，按C键，回到"摄影机"视图，渲染预览场景，本实例制作完成后的动画效果如图8-77所示。

图8-76

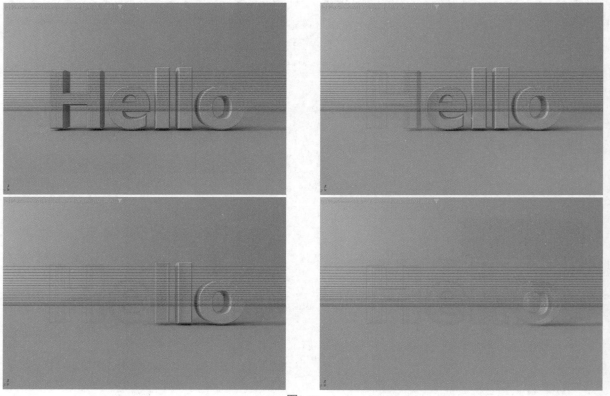

图8-77

8.3
动画约束

动画约束是可以帮助自动完成动画过程的控制器的特殊类型。通过与另一个对象的绑定关系，用户可以使用约束来控制对象的位置、旋转或缩放。通过对对象设置约束，可以将多个物体的变换约束到一个物体上，从而极大地减少动画师的工作量，也便于项目后期的动画修改。执行"动画"|"约束"命令，即可看到3ds Max 2025为用户提供的所有约束命令，如图8-78所示。

图8-78

8.3.1 实例：使用"路径约束"制作直升机飞行动画

本实例主要讲解使用"路径约束"制作直升机飞行的动画效果，渲染效果如图8-79所示。

图8-79

01 启动中文版3ds Max 2025软件，打开本书配套资源"直升机.max"文件，如图8-80所示。

图8-80

02 在"创建"面板中，单击"圆"按钮，如图8-81所示。

图8-81

03 在"顶"视图中创建一个圆形，作为直升机模型的控制器，如图8-82所示。

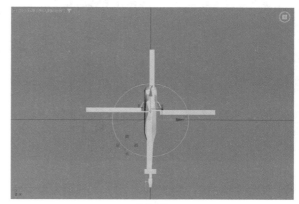

图8-82

04 单击主工具栏上的"选择并链接"图标，如图8-83所示。

图8-83

05 将构成直升机的所有模型选中，将其链接至圆形控制器上，如图8-84所示。

图8-84

06 设置完成后，在"场景资源管理器"面板中查看直升机模型与圆形图形之间的上下层级关系，如图8-85所示。

图8-85

07 按N键，在10帧位置处，旋转螺旋桨的角度至图8-86所示。

图8-86

08 在视图中右击，在弹出的"变换"快捷菜单中执行"曲线编辑器"命令，如图8-87所示。

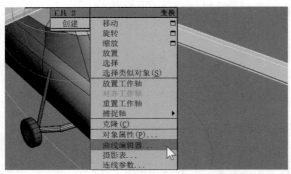

图8-87

09 在"轨迹视图-曲线编辑器"面板中，选择如图8-88所示的关键点，单击"将切线设置为线性"按钮，这样就会更改螺旋桨的动画曲线形态至图8-89所示。

10 在"轨迹视图-曲线编辑器"面板中单击"参数曲线超出范围类型"按钮，如图8-90所示。

11 在弹出的"参数曲线超出范围类型"对话框中设置曲线的类型为"相对重复"，单击"确定"按钮，如图8-91所示。

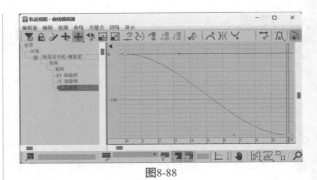

图8-88

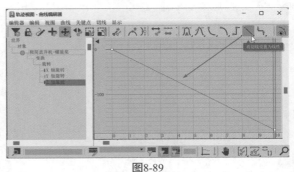

图8-89

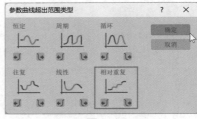

图8-90

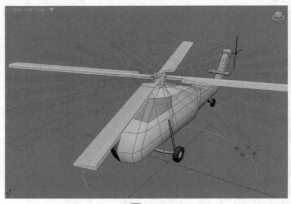

图8-91

12 执行"视图"|"显示重影"命令，即可看到直升机螺旋桨的重影显示效果，如图8-92所示。

图8-92

⓭ 以同样的操作步骤对直升机尾部的螺旋桨也设置旋转动画，如图8-93所示。

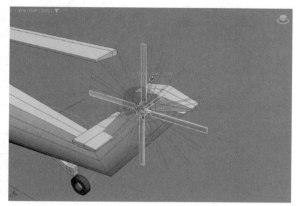

图8-93

⓮ 在"创建"面板中，单击"线"按钮，如图8-94所示。

图8-94

⓯ 在"顶"视图中创建一条曲线，作为直升机飞行的路径，如图8-95所示。

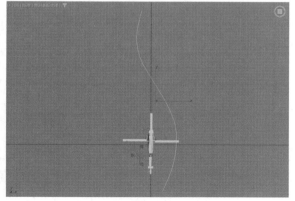

图8-95

⓰ 在场景中选择圆形控制器，执行"动画"|"约束"|"路径约束"命令，再单击场景中的曲线，如图8-96所示。

图8-96

⓱ 在"路径参数"卷展栏中，勾选"跟随"复选框，并设置"轴"的方向为Y，如图8-97所示。

图8-97

⓲ 设置完成后，播放场景动画，可以看到直升机沿着路径进行移动，如图8-98所示。

图8-98

8.3.2 实例：使用"注视约束"制作气缸运动动画

本实例主要讲解使用"注视约束"制作气缸运动的动画效果，渲染效果如图8-99所示。

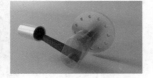

图8-99

01 启动中文版3ds Max 2025软件，打开本书配套资源"气缸.max"文件，如图8-100所示。

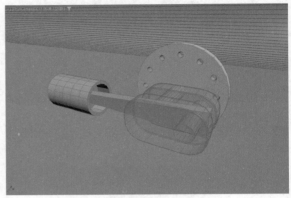

图8-100

02 在"创建"面板中，单击"点"按钮，如图8-101所示，在场景中任意位置处创建1个点，如图8-102所示。

图8-101

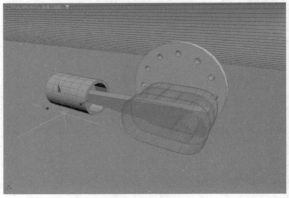

图8-102

03 单击主工具栏上的"选择并链接"图标，如图8-103所示。

图8-103

04 选择场景中的曲轴模型和连杆模型，将其链接至飞轮模型上，如图8-104所示。

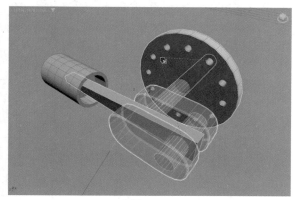

图8-104

05 选择点对象，执行"动画"|"约束"|"附着约束"命令，将点对象约束至场景中的连杆模型上，如图8-105所示。

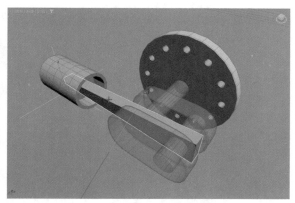

图8-105

06 在"运动"面板中，单击"设置位置"按钮，如图8-106所示。

07 将点对象的位置更改至连杆模型的顶端，如图8-107所示。

08 在"创建"面板中，单击"虚拟对象"按钮，如图8-108所示。

09 在场景中的任意位置创建一个虚拟对象物体，如图8-109所示。

图8-106

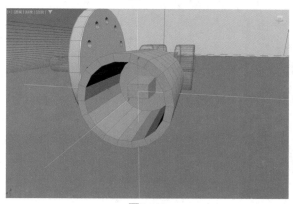

图8-107

图8-108

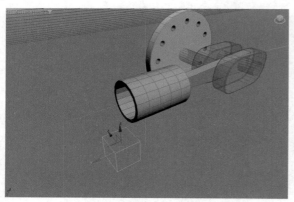

图8-109

10 选择虚拟对象，按Shift+A组合键，再单击场景中的活塞模型，将虚拟对象快速对齐到活塞模型，如图8-110所示。

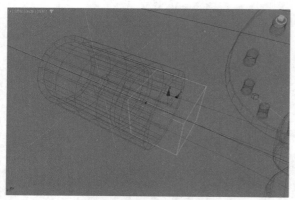

图8-110

11 在"顶"视图中调整虚拟对象的位置至图8-111所示。

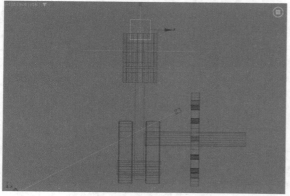

图8-111

12 在"透视"视图中，选择连杆模型，执行"动画"|"约束"|"注视约束"命令，再单击左侧的第一个虚拟对象，将连杆注视约束到虚拟对象上，如图8-112所示。

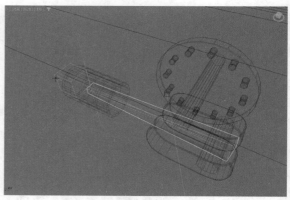

图8-112

13 在"运动"面板中，勾选"保持初始偏移"复选框，这样，连杆模型的方向就会恢复到之前正确的方向，如图8-113所示。

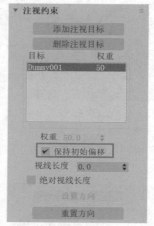

图8-113

14 选择活塞模型，单击主工具栏上的"选择并链接"图标，将活塞模型链接到该活塞模型下方的点对象上以建立父子关系，如图8-114所示。

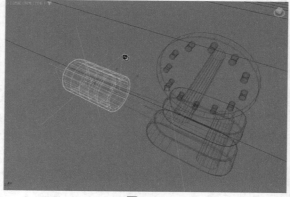

图8-114

15 在"层次"面板中，将选项卡切换至"链接信息"，在"继承"组中，仅勾选Y复选框，也就是说让活塞模型仅继承点对象的Y方向运动属性，这样可以保证活塞只是在场景中进行水平运动，如图8-115所示。

图8-115

16 按N键，打开"自动关键点"功能，将时间滑块移动到10帧位置处，对飞轮模型沿自身X轴向旋转60°，制作一个旋转动画，如图8-116所示。在旋转飞轮模型时，可以看到，本装置只需要一个旋转动画即可带动整个气缸系统一起进行合理的运动。

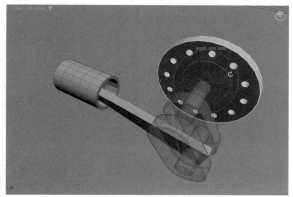

图8-116

17 再次按N键，关闭"自动关键点"功能。选择飞轮模型，右击并在弹出的快捷菜单中执行"曲线编辑器"命令，打开"轨迹视图-曲线编辑器"面板，观察飞轮模型的动画曲线，如图8-117所示。

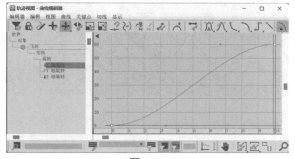

图8-117

18 选择飞轮模型动画曲线上的关键点，单击"将切线设置为线性"按钮，更改曲线的形态至图8-118所示，使其匀速旋转。

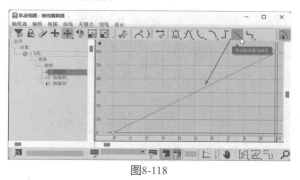

图8-118

19 在"轨迹视图-曲线编辑器"面板中，选择飞轮模型的"X轴旋转"属性，单击工具栏上的"参数曲线超出范围类型"按钮，如图8-119所示。

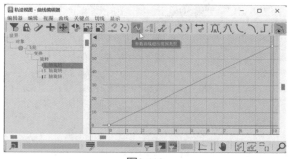

图8-119

20 在弹出的"参数曲线超出范围类型"对话框中，选择"相对重复"选项，并单击"确定"按钮，如图8-120所示。这样，飞轮的旋转动画将会随着场景中的时间播放一直进行下去，而不会只限制在我们之前所设置的0~10帧范围内。

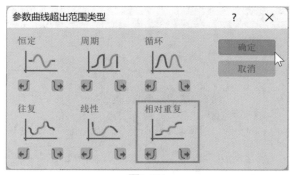

图8-120

21 设置完成后，关闭"轨迹视图-曲线编辑器"面板。本实例的动画最终完成效果如图8-121所示。

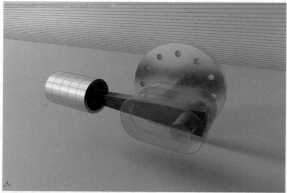

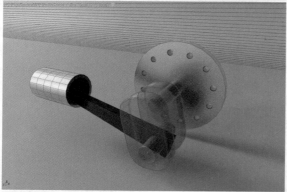

图8-121

8.4
动画控制器

3ds Max 2025为动画师提供了多种动画控制器用来处理场景中的动画任务。使用动画控制器可以存储动画关键点值和程序动画设置，并且还可以在动画的关键帧之间进行动画插值操作。动画控制器的使用方法与修改器也有些类似，当用户在对象的不同属性上指定新的动画控制器时，3ds Max 2025会自动过滤该属性无法使用的控制器，仅提供适用于当前属性的动画控制器。下面介绍动画制作过程中较为常用的动画控制器。

8.4.1 实例：使用"噪波浮点"制作植物摆动动画

本实例主要讲解使用"噪波浮点"控制器制作植物摆动的动画效果，渲染效果如图8-122所示。

图8-122

01 启动中文版3ds Max 2025软件，打开本书配套资源"丝兰花.max"文件，如图8-123所示。

图8-123

02 选择花模型，如图8-124所示。

142

图8-124

03 在"修改"面板中，为其添加"弯曲"修改器，如图8-125所示。

图8-125

04 在10帧位置处，单击"自动"按钮，使其处于被按下状态，如图8-126所示。

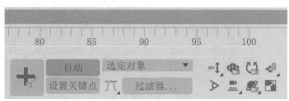

图8-126

05 在"参数"卷展栏中，设置"角度"为20，如图8-127所示。再次按下"自动"按钮，使其处于未被按下状态。

图8-127

06 选择花模型，右击并在弹出的"变换"快捷菜单中执行"曲线编辑器"命令，如图8-128所示。

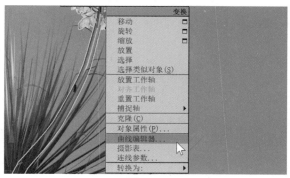

图8-128

07 在弹出的"轨迹视图-曲线编辑器"面板中，可以查看"角度"动画曲线，如图8-129所示。

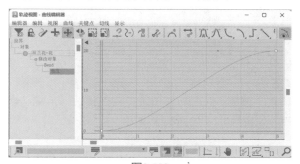

图8-129

08 将光标放置在"角度"参数上，右击并在弹出的"控制器"快捷菜单中执行"指定控制器"命令，如图8-130所示。

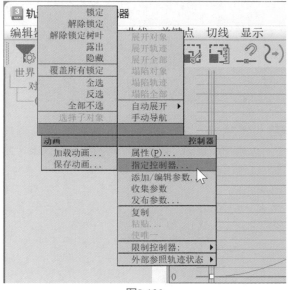

图8-130

09 在弹出的"指定控制器"对话框中选择"噪波浮点"选项，单击"确定"按钮，如图8-131所示。

图8-131

10 这时，系统会自动弹出"噪波控制器"对话框，设置"强度"为60，并勾选">0"复选框，将"频率"设置为0.2，如图8-132所示。

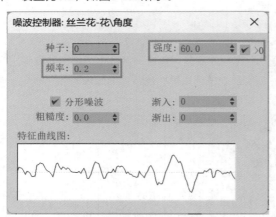

图8-132

11 设置完成后，在"轨迹视图-曲线编辑器"面板中，观察花模型的"角度"动画曲线显示效果，如图8-133所示。

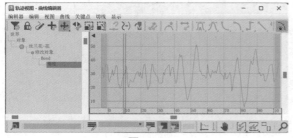

图8-133

12 播放场景动画，即可看到花模型随着时间的变化产生较为随机的晃动效果，本实例的最终动画效果如图8-134所示。

图8-134

8.4.2 实例：使用"浮点表达式"制作车轮滚动动画

本实例主要讲解使用"浮点表达式"控制器制作车轮滚动的动画效果，渲染效果如图8-135所示。

图8-135

01 启动中文版3ds Max 2025软件，打开本书配套资源"车轮.max"文件，如图8-136所示。

图8-136

02 在"创建"面板中，单击"圆"按钮，如图8-137所示。

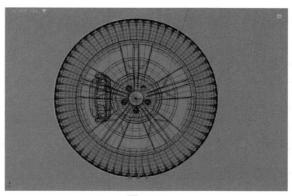

图8-137

03 在"左"视图创建一个与车轮模型大小相似的圆形，如图8-138所示。

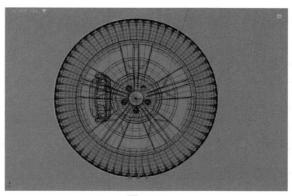

图8-138

04 在"透视"视图中，调整圆形图形的位置至图8-139所示。

图8-139

05 选择轮毂和轮胎模型，单击主工具栏上的"选择并链接"按钮，如图8-140所示。

图8-140

06 将所选择的模型链接至刚刚绘制完成的圆形图形上，如图8-141所示。

图8-141

07 设置完成后，在"场景资源管理器"面板中观察设置好的链接关系，如图8-142所示。

图8-142

08 选择圆形图形，在"运动"面板中展开"指定控制器"卷展栏，选择"Y轴旋转：Bezier浮点"选项，再单击对号形状的"指定控制器"按钮，如图8-143所示。

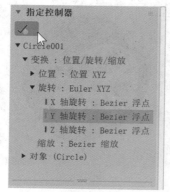

图8-143

09 在弹出的"指定控制器"对话框中选择"浮点表达式"选项，单击"确定"按钮，如图8-144所示。

图8-144

10 在自动弹出的"表达式控制器"对话框中，在"名称"文本框内输入A，再单击"创建"按钮，如图8-145所示。

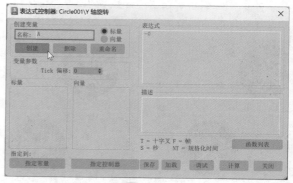

图8-145

11 创建出一个名称为A的标量后，单击该对话框下方的"指定控制器"按钮，如图8-146所示。

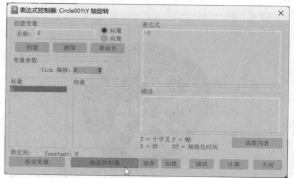

图8-146

12 在弹出的"轨迹视图拾取"对话框中选择"半径"属性，单击"确定"按钮，如图8-147所示。

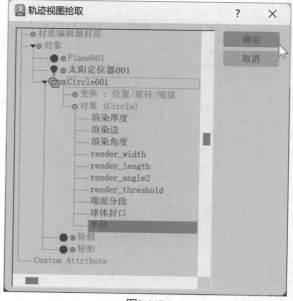

图8-147

13 设置完成后,在"表达式控制器"对话框中可以看到A标量被成功设置后的显示状态,如图8-148所示。

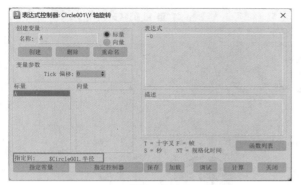

图8-148

14 以相同的操作步骤创建一个名称为B的标量,单击"指定到控制器"按钮,如图8-149所示。

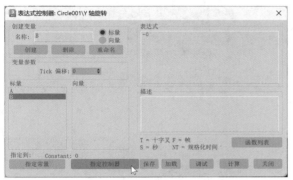

图8-149

15 在弹出的"轨迹视图拾取"对话框中,选择"Y位置:Bezier浮点"选项,单击"确定"按钮,如图8-150所示。

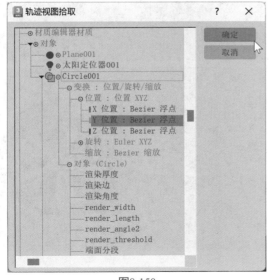

图8-150

16 设置完成后,在"表达式控制器"对话框中也可以看到Y变量被成功设置后的显示状态,如图8-151所示。

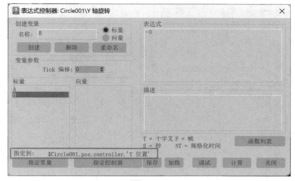

图8-151

17 在"表达式"文本框内输入"-B/A",单击"计算"按钮,即可使我们输入的表达式被系统执行,如图8-152所示。

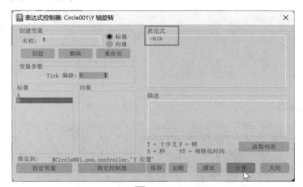

图8-152

18 设置完成后,在"指定控制器"卷展栏中,可以看到圆形图形的"Y轴旋转:Bezier浮点"属性被替换成了"Y轴旋转:浮点表达式"属性,如图8-153所示。

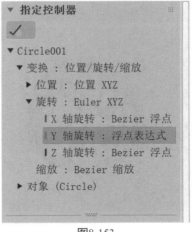

图8-153

⑲ 按N键，在100帧位置处，沿Y方向拖动圆形图形至图8-154所示，即可看到车轮模型根据圆形图形的运动产生自然流畅的位置及旋转动画。

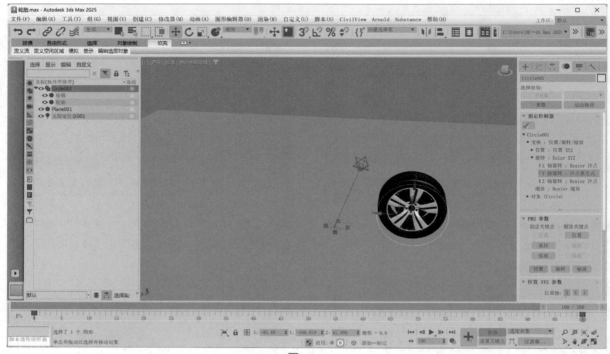

图8-154

⑳ 本实例的最终动画效果如图8-155所示。

图8-155

第 9 章
粒子系统

9.1 粒子概述

3ds Max 2025的粒子主要分为"事件驱动型"和"非事件驱动型"两大类。其中，"非事件驱动"粒子的功能相对来说较为简单，并且容易控制，但是能模拟的效果较为有限；"事件驱动型"粒子又被称为"粒子流"，可以使用大量内置的操作符来进行高级动画制作，所能模拟出来的效果也更加丰富和真实，故本章主要以"事件驱动型"粒子来进行讲解。使用粒子系统，特效动画师可以制作出逼真的特效动画（如水、火、雨、雪、烟花等）以及众多相似对象共同运动而产生的群组动画。在学习本章内容前，读者不但可以根据一些与粒子特效有关的照片来参考学习，如图9-1和图9-2所示，还可以使用AI绘画软件绘制出一些相关图像来获取创作灵感。

图9-1

图9-2

9.2 粒子流源

"粒子流源"是一种复杂的、功能强大的粒子系统，主要通过"粒子视图"面板来进行各粒子事件的创建、判断及连接。其中，每一个事件还可以使用多个不同的操作符来进行调控，使得粒子系统根据场景的时间变化，不断地依次计算事件列表中的每一个操作符来更新场景。由于粒子系统中可以使用场景中的任意模型来作为粒子的形态，在进行高级粒子动画计算时需要消耗大量时间及内存，所以用户应尽可能使用高端配置的计算机来进行粒子动画制作，此外，高配置的显卡也有利于粒子加快在3ds Max 2025视口中的显示速度。

9.2.1 基础知识：使用 Stable Diffusion 绘制雨景图像

本例主要演示在Stable Diffusion中使用文生图绘制雨景图像的操作方法。

01 在"模型"选项卡中，单击"ReV Animated"模型，如图9-3所示，并将其设置为"Stable Diffusion模型"。

生成　嵌入式 (T.I. Embedding)　超网络 (Hypernetworks)　**模型**　Lora　检索...　　　Default Sort ▾　↑↓　**刷新**

☐ 显示文件夹

AniVerse

ArchitectureRealMix

Atomix

Disney Pixar Cartoon Type A

DreamShaper XL

DreamShaper

FantasticChix-HR

Game Icon Institute _mode

MAGIFACTORYTShirt_magifactoryTShirtModel

majicMIX realistic 麦橘写实

Product Design

RealVisXL V4.0

ReV Animated

WildCardX-XL ANIMATION

图9-3

02 在"文生图"选项卡中输入中文提示词："城市，街道，下雨，乌云，夜晚"后，按Enter键则可以生成对应的英文："city,street,rain,black_cloud,night,"，如图9-4所示。

图9-4

03 在"生成"选项卡中，设置"迭代步数（Steps）"为35、"宽度"为768、"高度"为512、"总批次数"为2，如图9-5所示。

图9-5

04 在"高分辨率修复（Hires.fix）"卷展栏中，设置"高分迭代步数"为20，如图9-6所示。

图9-6

05 单击"生成"按钮，绘制出来的雨景图像效果如图9-7所示。

图9-7

06 在"反向词"文本框内输入："正常质量，最差质量，低质量，低分辨率"，按Enter键，即可将其翻译为英文："normal quality,worstquality,low quality,lowres,"，并提高这些反向提示词的权重，如图9-8所示。

07 重绘图像，得到的雨景图像效果如图9-9所示。

图9-8

图9-9

9.2.2　基础知识：创建粒子流源

本例主要演示"粒子流源"的操作方法。

01 启动中文版3ds Max 2025软件，在"创建"面板中，单击"粒子流源"按钮，如图9-10所示。

图9-10

02 在场景中创建一个粒子流源，如图9-11所示。

图9-11

03 粒子流源创建完成后，在"场景资源管理器"面板中可以看到默认状态下，粒子流源所包含的所有操作符名称，如图9-12所示。

图9-12

04 用户可以在"场景资源管理器"面板中单击任意操作符，并在"修改"面板中设置对应的参数。图9-13所示为选择了"出生001"对象后，"修改"面板所显示出的对应参数。

图9-13

05 执行"图形编辑器"|"粒子视图"命令，如图9-14所示。

图9-14

06 在打开"粒子视图"面板中，可以看到刚刚创建的粒子流源所包含的事件及构成事件的所有操作符，如图9-15所示。

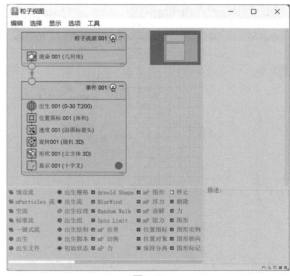

图9-15

技巧与提示：在实际的粒子动画制作过程中，我们通常很少通过单击"创建"面板中的"粒子流源"按钮来创建粒子，而是直接打开"粒子视图"面板，在该面板中进行操作设置。

9.2.3 实例：使用"粒子系统"制作落叶飞舞动画

本实例主要讲解使用粒子系统制作落叶飞舞的动画效果，渲染效果如图9-16所示。

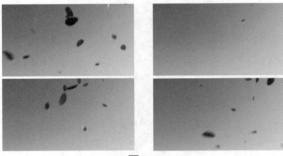

图9-16

01 启动中文版3ds Max 2025软件，打开本书附带的配套资源文件"树叶.max"，里面有一个赋予好材质的树叶模型，如图9-17所示。

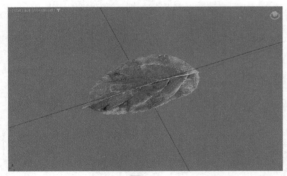

图9-17

02 执行"图形编辑器"|"粒子视图"命令，打开"粒子视图"面板，如图9-18所示。

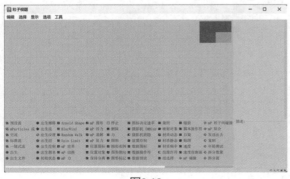

图9-18

03 在"仓库"中选择"空流"操作符，并以拖曳的方式将其添加至"工作区"中，如图9-19所示。操作完成后，在场景中会自动生成粒子流源的图标，如图9-20所示。

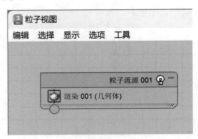

图9-19

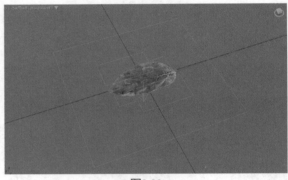

图9-20

04 选择场景中的粒子流源图标，在"发射"卷展栏中，设置"长度"为50、"宽度"为50，如图9-21所示，并调整粒子流源图标的位置坐标至图9-22所示。

图9-21

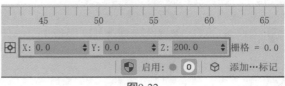

图9-22

05 在"粒子视图"面板的"仓库"中，选择"出生"操作符，以拖曳的方式将其放置于"工作区"中作为"事件001"，并将其连接至"粒子流源001"上，这时，请注意，在默认情况下，"事件001"内还会自动出现一个"显示001"操作符，用来显示该事件的粒子形态，如图9-23所示。

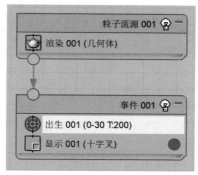

图9-23

06 选择"出生001"操作符，在"出生001"卷展栏中，设置"发射开始"为0、"发射停止"为60、"数量"为50，使得粒子在场景中从0~60帧共发射50个粒子，如图9-24所示。

图9-24

07 在"粒子视图"面板的"仓库"中，选择"位置图标"操作符，以拖曳的方式将其放置于"工作区"中的"事件001"中，将粒子的发射位置设置在场景中的粒子流源图标上，如图9-25所示。

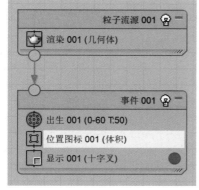

图9-25

08 在"粒子视图"面板的"仓库"中，选择"图形实例"操作符，以拖曳的方式将其放置于"事件001"中，如图9-26所示。

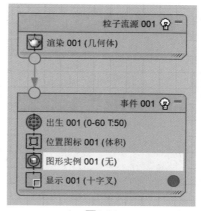

图9-26

09 在"图形实例001"卷展栏中，设置"粒子几何体对象"为场景中的"树叶"模型、"比例"为80%、"变化"为40%，如图9-27所示。

10 在"创建"面板中，单击"重力"按钮，如图9-28所示。

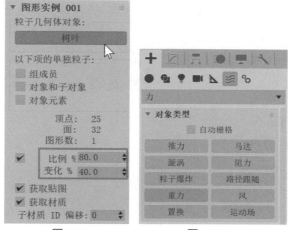

图9-27　　　图9-28

11 在场景中任意位置处创建一个重力，如图9-29所示。

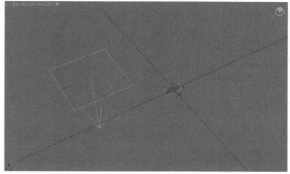

图9-29

153

12 在"参数"卷展栏中，设置"强度"为0.1，使得其对粒子的影响小一些，如图9-30所示。

13 在"创建"面板中，单击"风"按钮，如图9-31所示。

图9-30　　　　　　图9-31

14 在场景中任意位置处创建一个风对象，如图9-32所示。

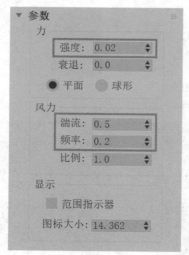

图9-32

15 在"参数"卷展栏中，设置"强度"为0.02、"湍流"为0.5、"频率"为0.2，如图9-33所示。

图9-33

16 在场景中复制一个风对象，并调整其位置和方向至图9-34所示。

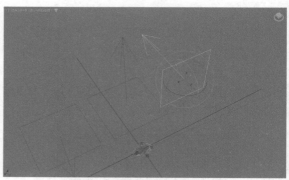

图9-34

17 "粒子视图"面板的"仓库"中，选择"力"操作符，以拖曳的方式将其放置于"事件001"中，如图9-35所示，并将场景中的重力和两个风对象分别添加至"力空间扭曲"文本框内，如图9-36所示。

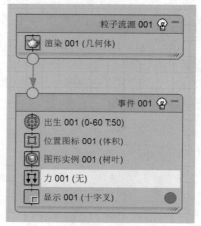

图9-35

图9-36

18 选择"显示001"操作符，在"显示001"卷展栏中，设置"类型"为"几何体"，如图9-37所示。

图9-37

19 拖动时间滑块，观察场景动画效果，可以看到粒子受到力学的影响已经开始从上方向下缓慢飘落，但是每个粒子的方向都是一样的，显得不太自然，如图9-38所示。

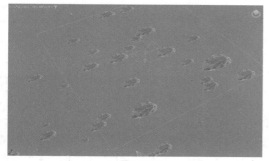

图9-38

20 在"粒子视图"面板的"仓库"中，选择"自旋"操作符，以拖曳的方式将其放置于"事件001"中，如图9-39所示。

图9-39

21 再次拖动时间滑块，即可看到每个粒子的旋转方向都不一样，如图9-40所示。

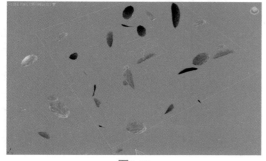

图9-40

22 本实例的最终动画完成效果如图9-41所示。

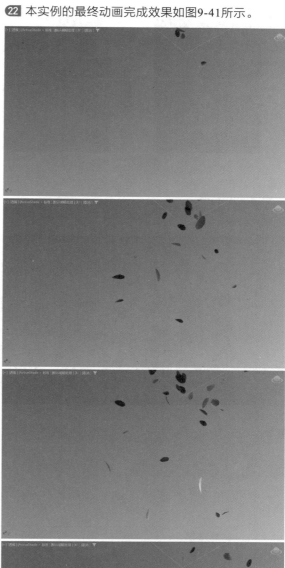

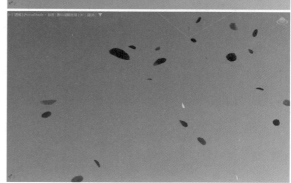

图9-41

9.2.4 实例：使用"粒子系统"制作下雨动画

本实例主要讲解使用粒子系统制作下雨的动画效果，渲染效果如图9-42所示。

图9-42

01 启动中文版3ds Max 2025软件，打开本书附带的配套资源文件"楼房.max"，里面有一个赋予好材质的楼房模型，如图9-43所示。

图9-43

02 执行"图形编辑器"|"粒子视图"命令，打开"粒子视图"面板。在"仓库"中选择"空流"操作符，并以拖曳的方式将其添加至"工作区"中，如图9-44所示。操作完成后，在场景中会自动生成粒子流源的图标。

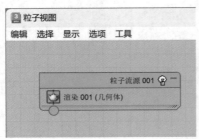

图9-44

03 在"发射"卷展栏中，设置"长度"为500、"宽度"为1000，如图9-45所示。

04 在"前"视图中，调整粒子流源图标的位置至图9-46所示。

05 在"左"视图中，调整粒子流源图标的位置至图9-47所示。

06 在"粒子视图"面板的"仓库"中，选择"出生"操作符，以拖曳的方式将其放置于"工作区"中作为"事件001"，并将其连接至"粒子流源001"

上，这时，请注意，在默认情况下，"事件001"内还会自动出现一个"显示001"操作符，用来显示该事件的粒子形态，如图9-48所示。

图9-45

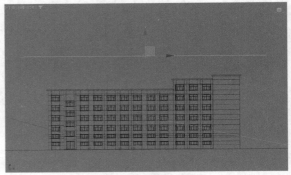

图9-46

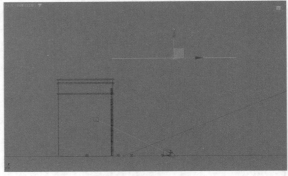

图9-47

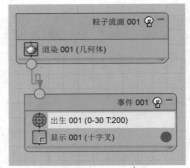

图9-48

07 选择"出生001"操作符，在"出生001"卷展栏中，设置"发射开始"为0、"发射停止"为100、"数量"为20000，使得粒子在场景中从0~1000帧共发射20000个粒子，如图9-49所示。

图9-49

08 在"粒子视图"面板的"仓库"中，选择"位置图标"操作符，以拖曳的方式将其放置于"工作区"中的"事件001"中，将粒子的发射位置设置在场景中的粒子流源图标上，如图9-50所示。

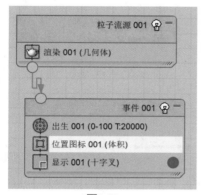

图9-50

09 在"创建"面板中，单击"重力"按钮，如图9-51所示。

图9-51

10 在场景中任意位置处创建一个重力，如图9-52所示。

11 在"粒子视图"面板的"仓库"中，选择"力"操作符，以拖曳的方式将其放置于"工作区"中的"事件001"中，如图9-53所示。

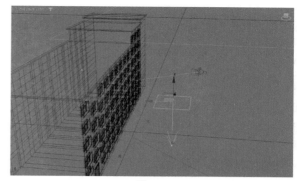

图9-52

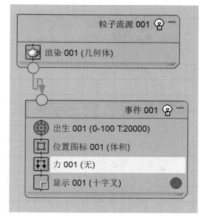

图9-53

12 选择"力001"操作符，在"力001"卷展栏中，将场景中的重力添加至"力空间扭曲"文本框内，如图9-54所示。

图9-54

13 播放场景动画，可以看到大量的粒子从粒子图标位置处掉落下来，如图9-55所示。

14 在"粒子视图"面板的"仓库"中，选择"删除"操作符，以拖曳的方式将其放置于"工作区"中的"事件001"中，如图9-56所示。

图9-55

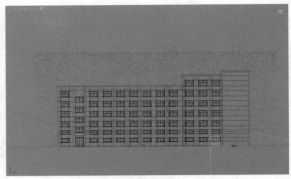

图9-58

图9-56

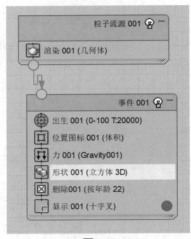

图9-59

⑮ 选择"删除001"操作符，在"删除001"卷展栏中，设置"移除"为"按粒子年龄"、"寿命"为22、"变化"为0，如图9-57所示。

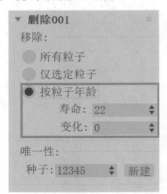

图9-57

⑯ 播放场景动画，可以看到粒子模拟出来的雨滴掉落在地面上后刚好消失，如图9-58所示。

⑰ 在"粒子视图"面板的"仓库"中，选择"图形"操作符，以拖曳的方式将其放置于"工作区"中的"事件001"中，如图9-59所示。

技巧与提示： "图形"操作符添加至"事件001"中后，其名称则自动更改为"形状001"。

⑱ 选择"显示001"操作符，在"显示001"卷展栏中，设置"类型"为"几何体"，如图9-60所示。

⑲ 选择"形状001"操作符，在"形状001"卷展栏中，设置3D为"菱形"、"大小"为2，如图9-61所示。

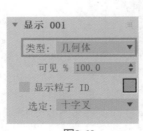

图9-60

图9-61

20 设置完成后，在场景中观察粒子的大小和形状，如图9-62所示。

图9-62

21 在"粒子视图"面板的"仓库"中，选择"材质静态"操作符，以拖曳的方式将其放置于"工作区"中的"事件001"中，如图9-63所示。

图9-63

22 在"材质静态001"卷展栏中，将一个默认的材质拖曳至"指定材质"下方的按钮上，这样，该按钮上会显示出对应材质球的名称，如图9-64所示。

图9-64

23 在"基本参数"卷展栏中，设置"基础颜色和反射"为白色、"发射"的颜色为白色，"亮度"为20000，如图9-65所示。

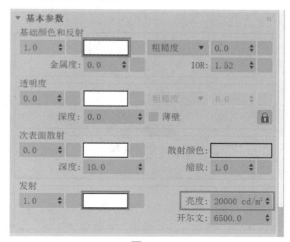

图9-65

24 渲染场景，本实例制作出来的雨滴渲染效果如图9-66所示。

图9-66

9.2.5 实例：使用"粒子系统"制作熏香燃烧动画

本实例主要讲解使用粒子系统制作熏香燃烧的动画效果，渲染效果如图9-67所示。

图9-67

01 启动中文版3ds Max 2025软件，打开本书附带的配套资源文件"熏香.max"，里面有一个赋予好材质的熏香模型，如图9-68所示。

图9-68

02 执行"图形编辑器"|"粒子视图"命令，打开"粒子视图"面板。在"仓库"中选择"空流"操作符，并以拖曳的方式将其添加至"工作区"中，如图9-69所示。操作完成后，在场景中会自动生成粒子流源的图标。

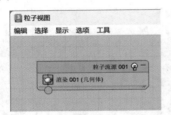

图9-69

03 在"粒子视图"面板的"仓库"中，选择"出生"操作符，以拖曳的方式将其放置于"工作区"中作为"事件001"，并将其连接至"粒子流源001"上，如图9-70所示。

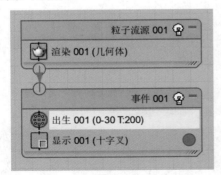

图9-70

04 选择"出生001"操作符，设置其"发射开始"为0、"发射停止"为0、"数量"为3，使得粒子在场景中从0帧开始就有3个粒子，如图9-71所示。

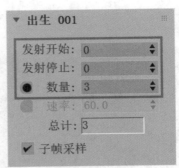

图9-71

05 在"粒子视图"面板的"仓库"中，选择"位置对象"操作符，以拖曳的方式将其放置于"工作区"中的"事件001"中，如图9-72所示。

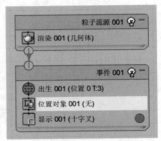

图9-72

06 在"位置对象001"卷展栏中，单击"添加"按钮，选择场景中的香模型，将其设置为粒子的发射器，同时，设置"位置"为"选定面"，如图9-73所示。

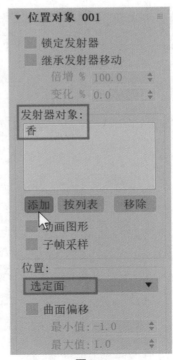

图9-73

07 选择场景中的香模型，在"多边形"子对象层级中选择如图9-74所示的面，然后退出该子对象层级，这时，可以发现粒子的位置被固定到了香模型所选择的面上。

图9-74

08 在"粒子视图"面板的"仓库"中，选择"繁殖"操作符，以拖曳的方式将其放置于"工作区"中的"事件001"中，如图9-75所示。

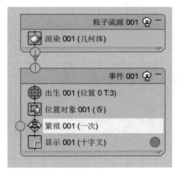
图9-75

09 在"繁殖001"卷展栏中，设置粒子"繁殖速率和数量"为"每秒"、"速率"为1000，如图9-76所示。

图9-76

10 在"仓库"中，选择"力"操作符，以拖曳的

方式将其放置于"工作区"中作为"事件002"，并将其连接至"事件001"的"繁殖"操作符上，如图9-77所示。

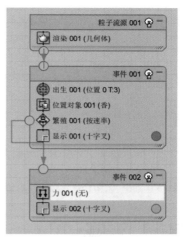
图9-77

11 在"创建"面板中，单击"风"按钮，如图9-78所示。

图9-78

12 在场景中创建一个方向向上风，如图9-79所示。

图9-79

13 在"修改"面板中，展开"参数"卷展栏，设置"强度"为0.3，如图9-80所示。

图9-80

14 将场景中的风进行复制，并调整位置和方向至图9-81所示。

图9-81

15 在"修改"面板中，展开"参数"卷展栏，设置第2个风的"强度"为0.2、"湍流"为3、"频率"为8、"比例"为0.02，如图9-82所示。

图9-82

16 在"力001"卷展栏中，单击"添加"按钮，将场景中的两个风对象分别添加至"力空间扭曲"文本框内，并设置"影响"为10%，如图9-83所示。

图9-83

17 拖动时间滑块，可以看到场景中的粒子运动轨迹如图9-84所示。

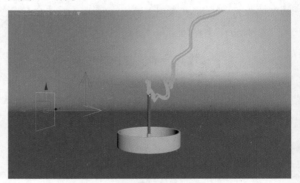

图9-84

18 在"仓库"中选择"年龄测试"操作符，以拖曳的方式将其放置于"工作区"中的"事件002"中，如图9-85所示。

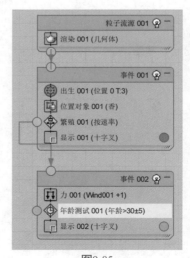

图9-85

19 在"年龄测试001"卷展栏中，设置"测试值"为40、"变化"为6，如图9-86所示。

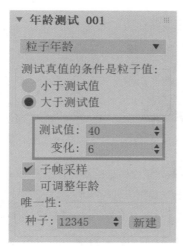

图9-86

20 在"仓库"中，选择"删除"操作符，以拖曳的方式将其放置于"工作区"中作为"事件003"，并将其连接至"事件002"的"年龄测试"操作符上，如图9-87所示。

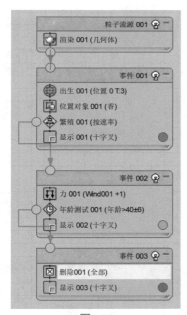

图9-87

21 这样，场景里当"事件002"所产生的粒子年龄大于40帧左右时，将会被删除，以减少软件不必要的粒子计算，如图9-88所示。

22 在"仓库"中，选择"图形朝向"操作符，以拖曳的方式将其放置于"工作区"中的"粒子流源001"中，如图9-89所示。

23 在"图形朝向001"卷展栏中，将场景中的物理摄影机作为粒子的"注视摄影机/对象"，设置"单位"为1，如图9-90所示。

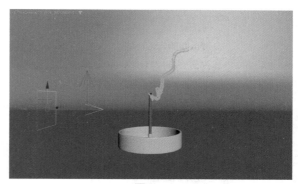

图9-88

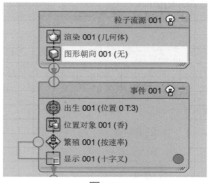

图9-89

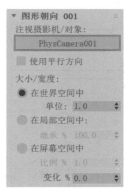

图9-90

24 在"显示002"卷展栏中，设置"类型"为"几何体"，如图9-91所示。

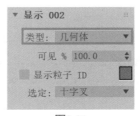

图9-91

25 在"仓库"中，选择"材质静态"操作符，以拖曳的方式将其放置于"工作区"中的"粒子流源001"事件中，为粒子添加材质效果，如图9-92所示。

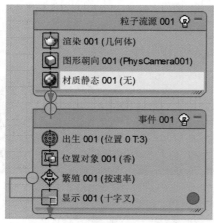

图9-92

26 按M键，打开"材质编辑器"面板，选择一个物理材质并重命名为"烟"，并以拖曳的方式添加到"材质静态001"卷展栏内的"指定材质"属性上，完成粒子材质的指定，如图9-93所示。

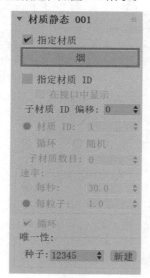

图9-93

27 在"基本参数"卷展栏中，设置材质的颜色为蓝灰色、"粗糙度"为1，如图9-94所示。其中，颜色的参数设置如图9-95所示。

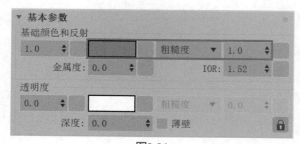

图9-94

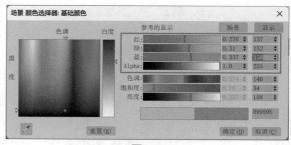

图9-95

28 本实例最终制作完成的动画效果如图9-96所示。

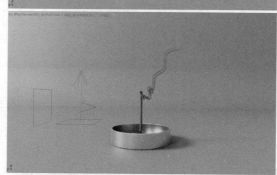

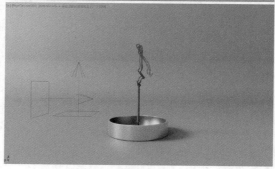

图9-96

29 渲染场景，本实例的渲染结果如图9-97所示。

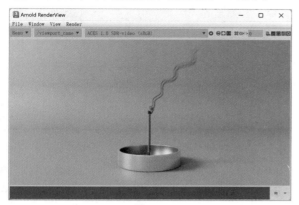

图9-97

9.2.6 实例：使用"粒子系统"制作"花生长"动画

本实例主要讲解使用粒子系统制作"花生长"的动画效果，渲染效果如图9-98所示。

图9-98

01 启动中文版3ds Max 2025软件，打开配套资源文件"花生长.max"，里面有一朵花和一个枝干模型，如图9-99所示。

图9-99

02 在"创建"面板中，单击"点"按钮，如图9-100所示。在场景中任意位置处创建一个点。

图9-100

03 将点的位置移动至花瓣模型位置处，如图9-101所示。

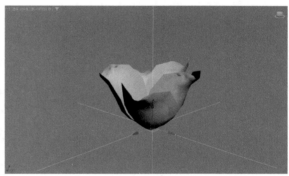

图9-101

04 在0帧位置处，调整花瓣模型的旋转角度至图9-102所示，模拟出花瓣闭合的状态。

图9-102

05 按N键，在30帧位置处，调整花瓣模型的旋转角度至图9-103所示，模拟出花瓣展开的状态。

06 选择所有花瓣模型，使用"选择并链接"工具将其链接至点上，设置完成后，在"场景资源管理器"面板中查看花瓣模型与点之间的上下层级关系，如图9-104所示。

图9-103

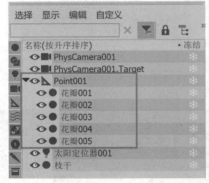

图9-104

07 选择点，在30帧位置处，将光标放置于时间滑块上右击，在弹出的"创建关键点"对话框中，勾选"缩放"复选框，并单击"确定"按钮，如图9-105所示。

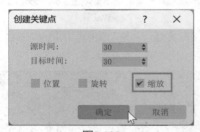

图9-105

08 在0帧位置处，将点缩小，直至几乎看不到花瓣模型，如图9-106所示。

图9-106

09 选择点和所有花瓣模型后，执行"组"|"组"命令，在弹出的"组"对话框中，设置"组名"为"花"后，单击"确定"按钮，如图9-107所示，将其设置为一个组合。

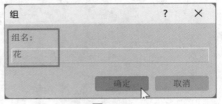

图9-107

10 执行"图形编辑器"|"粒子视图"命令，打开"粒子视图"面板。在"仓库"中选择"空流"操作符，并以拖曳的方式将其添加至"工作区"中，如图9-108所示。操作完成后，在场景中会自动生成粒子流源的图标。

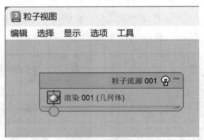

图9-108

11 在"粒子视图"面板的"仓库"中，选择"出生"操作符，以拖曳的方式将其放置于"工作区"中作为"事件001"，并将其连接至"粒子流源001"上，如图9-109所示。

图9-109

12 在"出生001"卷展栏中，设置"发射停止"为80、"数量"为50，使得粒子在场景中从0~80帧共发射50个粒子，如图9-110所示。

图9-110

13 在"仓库"中选择"位置对象"操作符，并以拖曳的方式将其添加至"事件001"中，如图9-111所示。

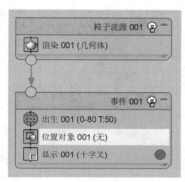

图9-111

14 在"位置对象001"卷展栏中，单击"添加"按钮，选择场景中的枝干模型，将其设置为粒子的发射器，同时，设置"位置"为"选定面"，如图9-112所示。

图9-112

15 选择场景中的枝干模型，在"多边形"子对象层级中选择如图9-113所示的面，然后退出该子对象层级，这时，可以发现粒子的位置被固定到了枝干模型所选择的面上。

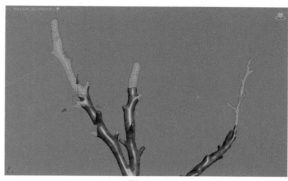

图9-113

16 在"仓库"中选择"图形实例"操作符，并以拖曳的方式将其添加至"事件001"中，如图9-114所示。

图9-114

17 在"图形实例001"卷展栏中，设置"粒子几何体对象"为场景中名称为"花"的组、"比例"为80、"变化"为40，勾选"动画图形"复选框，"同步方式"设置为"粒子年龄"，如图9-115所示。

图9-115

18 在"显示001"卷展栏中设置"类型"为"几何体"，如图9-116所示。

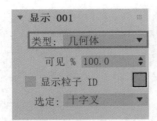

图9-116

⓳ 将场景中名称为"花"的组隐藏后，拖动时间滑块，可以看到随着时间的变化，枝干模型上生长出来许多花，如图9-117所示。

图9-117

⓴ 在"仓库"中选择"旋转"操作符，并以拖曳的方式将其添加至"事件001"中，如图9-118所示。

图9-118

㉑ 设置完成后，播放场景动画，本实例制作完成的动画效果如图9-119所示。

图9-119

㉒ 渲染场景，本实例的渲染效果如图9-120所示。

图9-120

第 10 章
动力学动画

10.1
动力学概述

　　3ds Max 2025为动画师提供了多个功能强大且易于掌握的动力学动画模拟系统，主要有MassFX动力学、Cloth修改器、流体等，主要用来制作运动规律较为复杂的自由落体动画、刚体碰撞动画、布料运动动画以及液体流动动画，这些内置的动力学动画模拟系统不但为特效动画师们提供了效果逼真、合理的动力学动画模拟解决方案，还极大地节省了手动设置关键帧所消耗的时间。在学习本章内容前，读者不但可以根据一些与动力学特效有关的照片来参考学习，如图10-1和图10-2所示，还可以使用AI绘画软件绘制出一些相关图像来获取创作灵感。

图10-1

图10-2

10.2
MassFX 动力学

　　MassFX动力学通过对物体的质量、摩擦力、反弹力等多个属性进行合理设置，可以产生非常真实的物理作用动画计算，并在对象上生成大量的动画关键帧。启动中文版3ds Max 2025软件后，在主工具栏上右击并在弹出的快捷菜单中勾选"MassFX 工具栏"选项，如图10-3所示，即可弹出与动力学设置相关的命令图标，如图10-4所示。

图10-3

图10-4

10.2.1　基础知识：刚体基本设置方法

　　本实例主要演示设置刚体动画的操作方法。

01 启动中文版3ds Max 2025软件，执行"自定义"|"单位设置"命令，在弹出的"单位设置"对话框中设置"显示单位比例"为"厘米"后，单击"系统单位设置"按钮，如图10-5所示。

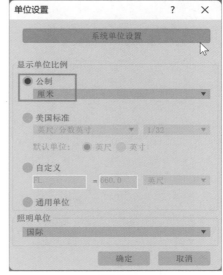

图10-5

02 在弹出的"系统单位设置"对话框中设置"1单位=1厘米"，如图10-6所示。

图10-6

03 在"创建"面板中，单击"球体"按钮，如图10-7所示，在场景中创建一个球体模型。

图10-7

04 在"修改"面板中，设置"半径"为5cm，如图10-8所示。

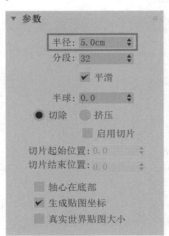

图10-8

05 在"创建"面板中，单击"长方体"按钮，如图10-9所示，在场景中创建一个长方体模型。

图10-9

06 在"修改"面板中，设置"长度"为200cm、"宽度"为200cm、"高度"为10cm，如图10-10所示。

图10-10

07 在场景中调整球体的坐标位置至图10-11所示，使得球体在据地近1m高的位置处。

图10-11

08 选择场景中的球体模型，单击"将选定项设置为动力学刚体"按钮，如图10-12所示。

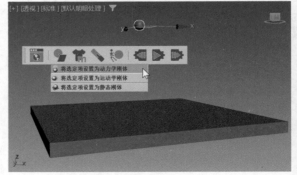

图10-12

09 设置完成后，可以看到系统自动为球体添加 "MassFX Rigid Body" 修改器，如图10-13所示。

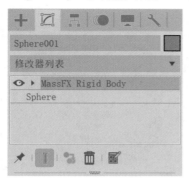

图10-13

10 选择场景中的长方体模型，单击"将选定项设置为静态刚体"按钮，如图10-14所示。

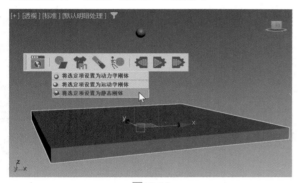

图10-14

11 在 "MassFX 工具" 面板中，展开"刚体属性"卷展栏，选择场景中的球体，单击"烘焙"按钮，如图10-15所示，即可开始计算球体的自由落体动画。

图10-15

12 本实例的最终动画完成效果如图10-16所示。

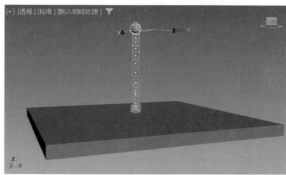

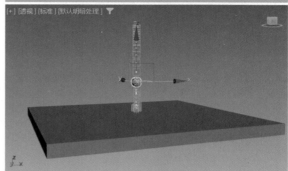

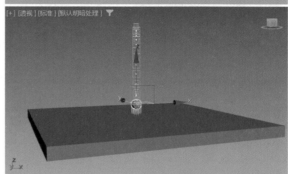

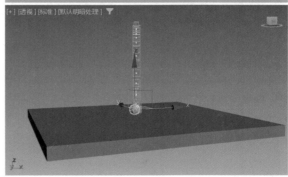

图10-16

10.2.2 实例：使用 MassFX 动力学制作自由落体动画

本实例主要讲解使用MassFX动力学制作苹果落到碗里的自由落体动画效果，渲染效果如图10-17所示。

图10-17

01 启动中文版3ds Max 2025软件，打开配套资源文件"水果.max"，如图10-18所示。

图10-18

02 选择场景中的两个苹果模型，单击"将选定项设置为动力学刚体"按钮，如图10-19所示。

图10-19

03 选择场景中的碗模型，单击"将选定项设置为静态刚体"按钮，如图10-20所示。

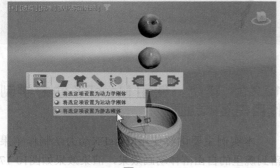

图10-20

04 设置完成后，碗模型的视图显示结果如图10-21所示。

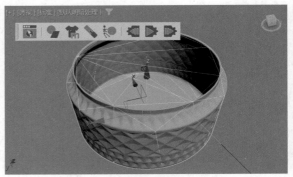

图10-21

05 在"修改"面板中，展开"物理图形"卷展栏，设置"图形类型"为"凹面"，如图10-22所示。

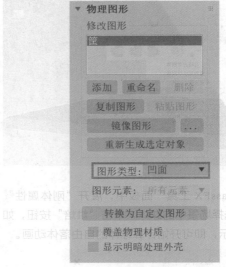

物理图形
修改图形
筐
添加　重命名　删除
复制图形　粘贴图形
镜像图形　...
重新生成选定对象
图形类型：凹面　▼
图形元素：所有元素　▼
转换为自定义图形
覆盖物理材质
显示明暗处理外壳

图10-22

06 在"物理网格参数"卷展栏中，单击"生成"按钮，如图10-23所示，即可看到碗模型上生成的网格显示结果，如图10-24所示。

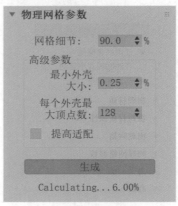

物理网格参数
网格细节：　90.0 ⬍ %
高级参数
最小外壳
大小：　0.25 ⬍ %
每个外壳最
大顶点数：　128 ⬍
提高适配
生成
Calculating...6.00%

图10-23

图10-24

07 在"场景设置"卷展栏中,设置"子步数"为8、"解算器迭代数"为30,提高动力学计算的精度,如图10-25所示。

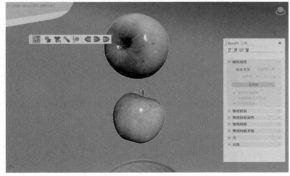

图10-25

08 在场景中选择两个苹果模型,如图10-26所示。

图10-26

09 在"刚体属性"卷展栏中单击"烘焙"按钮,开始动力学动画的计算,如图10-27所示。

图10-27

10 计算完成后,播放场景动画,本实例的最终动画完成效果如图10-28所示。

图10-28

10.2.3 实例：使用 MassFX 动力学制作物体碰撞动画

本实例主要讲解使用MassFX动力学制作物体碰撞的动画效果，渲染效果如图10-29所示。

图10-29

01 启动中文版3ds Max 2025软件，打开本书配套资源文件"茶壶.max"，如图10-30所示。

图10-30

02 按N键，开启"自动记录关键帧"功能。选择球体模型，在10帧位置处，调整其位置至图10-31所示，再次按N键，关闭"自动记录关键帧"功能。

03 执行"图形编辑器"|"轨迹视图-曲线编辑器"命令，在弹出的"轨迹视图-曲线编辑器"面板中显示球体的动画曲线，如图10-32所示。调整动画曲线的形态至图10-33所示后，关闭该面板。

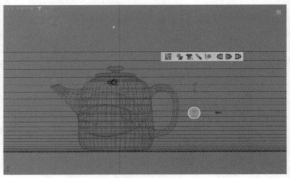

图10-31

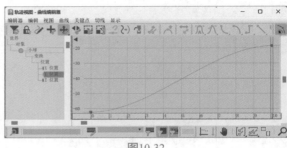

图10-32

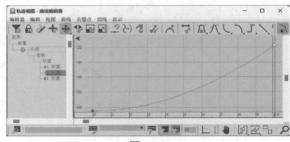

图10-33

04 选择场景中的球体模型，单击"将选定项设置为运动学刚体"按钮，如图10-34所示。

图10-34

05 在"刚体属性"卷展栏中，勾选"直到帧"复选框，并设置"直到帧"为10，如图10-35所示。

06 选择场景中的茶壶碎片模型，单击"将选定项设置为动力学刚体"按钮，如图10-36所示。

图10-35

图10-36

07 在"刚体属性"卷展栏中，勾选"在睡眠模式中启动"复选框，如图10-37所示。

图10-37

08 选择场景中的所有已经设置了动力学属性的模型后，单击"烘焙"按钮，如图10-38所示，即可开始碰撞动画的模拟计算。

图10-38

09 在默认的模拟精度下，我们可以看到计算出来的动画效果不是很理想，茶壶碎片有穿透地面以下的现象，如图10-39所示。而且茶壶碎片还会产生非常明显的抖动效果，显得非常不真实。

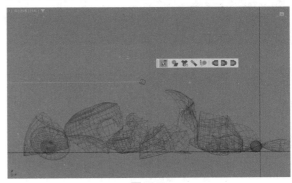

图10-39

10 按Ctrl+Z组合键，后退一步，回到未进行动画模拟的状态。在"场景设置"卷展栏中，设置"子步数"为10、"解算器迭代数"为20，如图10-40所示。

11 选择地面模型，单击"将选定项设置为动力学刚体"按钮，如图10-41所示。

12 在"物理图形"卷展栏中，设置"图形类型"为"原始的"，如图10-42所示。

图10-40

出来的效果与之前相比变化较大，而且茶壶碎片基本上没有明显插进地面的情况，碎片的抖动情况也有明显改善，如图10-43所示。

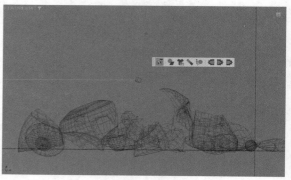

图10-43

14 本实例的最终动画计算完成效果如图10-44所示。

图10-41

图10-42

13 选择茶壶碎片模型和小球模型，再次单击"烘焙"按钮进行动力学模拟计算，这一次我们看到模拟

图10-44

图10-44（续）

10.2.4　实例：使用 MassFX 动力学制作布料下落动画

本实例主要讲解使用MassFX动力学制作布料下落的动画效果，渲染效果如图10-45所示。

 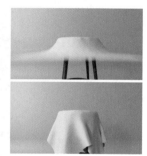

图10-45

01 启动中文版3ds Max 2025软件，打开本书配套资源文件"圆凳.max"，如图10-46所示。

图10-46

02 选择场景中的圆凳模型，单击"将选定项设置为静态刚体"按钮，如图10-47所示。

03 设置完成后，可以看到系统自动为圆凳模型添加"MassFX Rigid Body"修改器，如图10-48所示。

04 选择场景中的桌布模型，单击"将选定对象设置为mCloth对象"按钮，如图10-49所示。

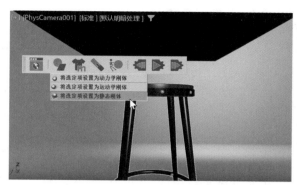

图10-47

图10-48

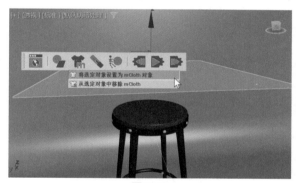

图10-49

05 设置完成后，系统会自动为平面模型添加mCloth修改器，如图10-50所示。

图10-50

06 在"mCloth模拟"卷展栏中，单击"烘焙"按钮，如图10-51所示，即可看到布料模型的动画模拟效果，如图10-52所示。

图10-51

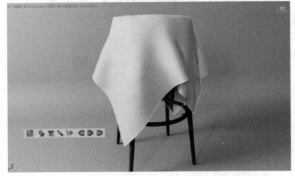

图10-52

07 选择布料模型，在"修改"面板中，为其添加"网格平滑"修改器，如图10-53所示。

图10-53

08 在"细分量"卷展栏中，设置"迭代次数"为2，如图10-54所示，则可以得到更加平滑的布料模拟效果。

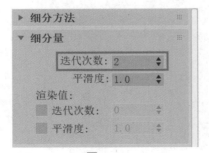

图10-54

09 本实例的最终动画完成效果如图10-55所示。

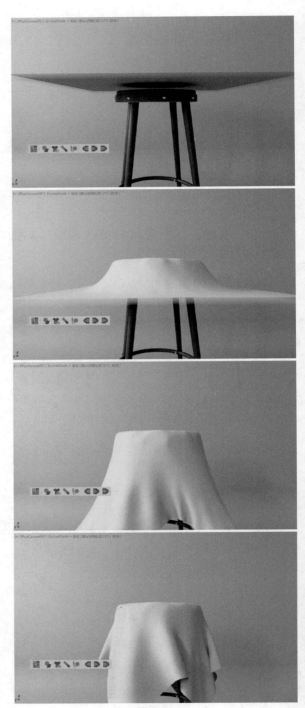

图10-55

10.2.5 实例：使用 Cloth 修改器制作小旗飘动动画

本实例主要讲解使用Cloth修改器制作小旗飘动的动画效果，渲染效果如图10-56所示。

图10-56

01 启动中文版3ds Max 2025软件，打开配套资源文件"旗.max"，场景里有一面旗模型，如图10-57所示。

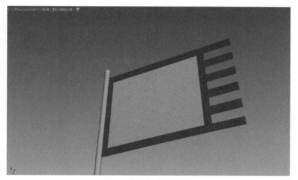

图10-57

02 选择旗模型，在"修改"面板中，为其添加Cloth修改器，如图10-58所示。

图10-58

03 在"对象"卷展栏中，单击"对象属性"按钮，如图10-59所示。

图10-59

04 在"对象属性"对话框中，将旗模型设置为"布料"、"预设"为Silk（丝绸），单击"确定"按钮，如图10-60所示。

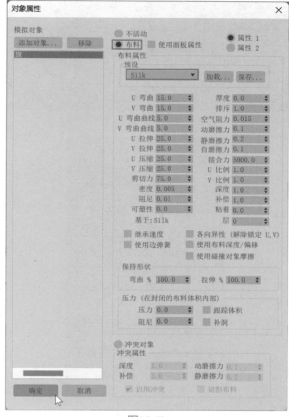

图10-60

05 在"创建"面板中，单击"风"按钮，如图10-61所示。

图10-61

06 在场景中创建一个风模型，并调整风的方向和位置至图10-62所示。

07 在"参数"卷展栏中，设置"强度"为5，如图10-63所示。

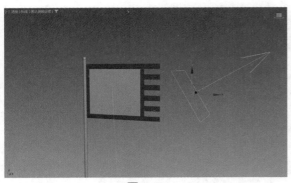

图10-62

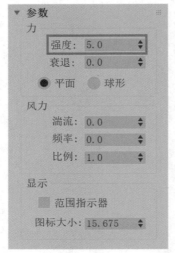

图10-63

08 选择旗模型，在"对象"卷展栏中，单击"布料力"按钮，如图10-64所示。

图10-64

09 在弹出的"力"对话框中，将场景中的风添加至"模拟中的力"下方的文本框中，并单击"确定"按钮，如图10-65所示。

10 在"修改"面板中，进入Cloth修改器中的"组"子层级，如图10-66所示。

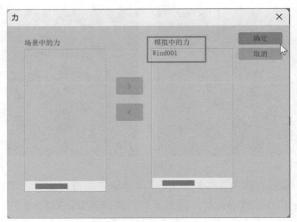

图10-65

图10-66

11 在"前"视图中，选择如图10-67所示的顶点。

图10-67

12 在"组"卷展栏中，单击"设定组"按钮，如图10-68所示。

图10-68

13 在系统自动弹出的"设定组"对话框中，单击"确定"按钮，如图10-69所示。

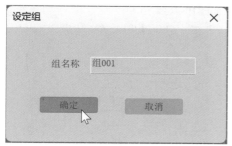

图10-69

14 在"组"卷展栏，单击"节点"按钮，如图10-70所示。再单击场景中的旗杆模型，即可将旗模型上选中的顶点约束至旗杆模型上。

15 在"对象"卷展栏中，单击"模拟"按钮，如图10-71所示，即可在视图中看到布料的模拟计算过程，如图10-72所示。

图10-70

图10-71

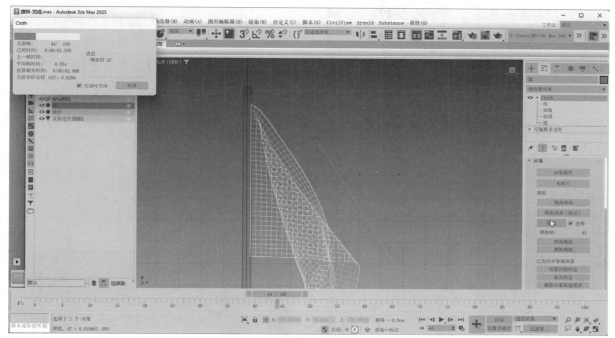

图10-72

16 本实例最终模拟完成的动画效果如图10-73所示。

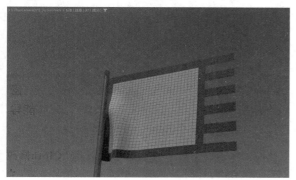

图10-73

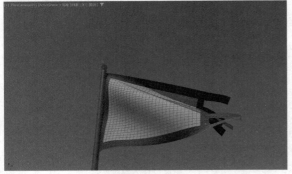

图10-73（续）

10.2.6 实例：使用 Cloth 修改器制作布料撕裂动画

本实例主要讲解使用Cloth修改器制作布料撕裂的动画效果，渲染效果如图10-74所示。

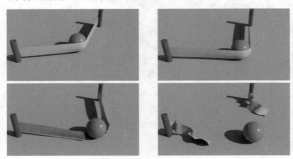

图10-74

01 启动中文版3ds Max 2025软件，打开配套资源文件"布条.max"，如图10-75所示。

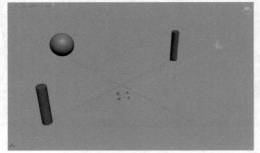

图10-75

02 选择场景中的矩形图形，在"修改"面板中，为其添加"服装生成器"修改器，并更改其名称为"布料"，如图10-76所示。

图10-76

03 在"主要参数"卷展栏中，设置"密度"为0.3，如图10-77所示。这样，我们可以发现布料的面数明显增加了，如图10-78所示。

图10-77

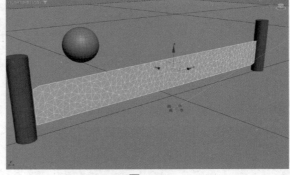

图10-78

技巧与提示："服装生成器"修改器中的"密度"值需谨慎调节，该值设置过大时，有可能导致3ds Max软件出现无响应的状态。

04 在"修改"面板中，为布料模型添加Cloth修改器，如图10-79所示。

图10-79

05 在"对象"卷展栏中,单击"对象属性"按钮,如图10-80所示。

图10-80

06 在弹出的"对象属性"对话框中,设置布料模型为"布料"、"预设"为Silk(丝绸),单击"确定"按钮,如图10-81所示。

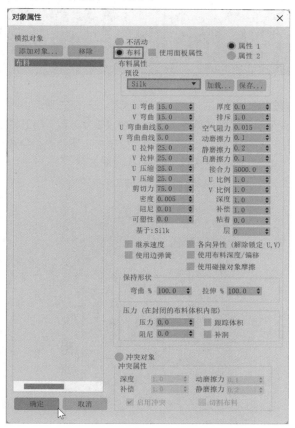

图10-81

07 在"修改"面板中,进入Cloth修改器中的"组"子层级,如图10-82所示。

图10-82

08 在"前"视图中,选择如图10-83所示的顶点。

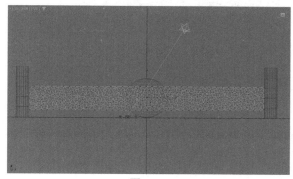

图10-83

09 在"组"卷展栏中,单击"制造撕裂"按钮,如图10-84所示。

图10-84

10 在自动弹出的"设定组"对话框中,单击"确定"按钮,如图10-85所示。

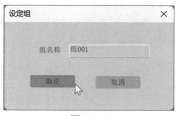

图10-85

⓫ 在"编组参数"卷展栏中，设置"强度"为50，如图10-86所示。

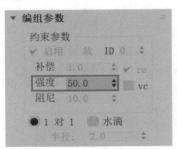

图10-86

⓬ 在"前"视图中，选择如图10-87所示的顶点。

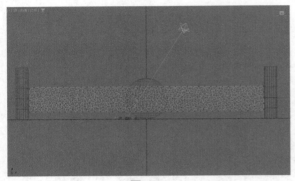

图10-87

⓭ 在"组"卷展栏中，单击"设定组"按钮，如图10-88所示。

图10-88

⓮ 在自动弹出的"设定组"对话框中，单击"确定"按钮，如图10-89所示。

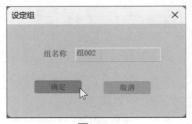

图10-89

⓯ 在"组"卷展栏中，单击"节点"按钮，如图10-90所示。再单击场景中如图10-91所示的圆柱体模型，将所选择的顶点约束至该模型上。

图10-90

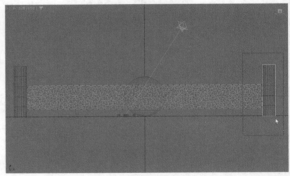

图10-91

⓰ 以同样的操作步骤将布料模型另一侧的顶点也约束至对应的圆柱体模型上后。在"模拟参数"卷展栏中，单击"重力"按钮，使其处于未按下状态，勾选"自相冲突"复选框，如图10-92所示。

图10-92

技巧与提示：“重力”按钮在默认状态下处于按下状态。需要单击该按钮来取消场景中的重力。

17 在“对象”卷展栏中，单击“对象属性”按钮，如图10-93所示。

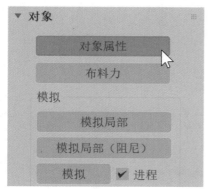

图10-93

18 在弹出的“对象属性”对话框中，设置球体模型为“冲突对象”，设置地面模型为“冲突对象”，并单击“确定”按钮，如图10-94和图10-95所示。

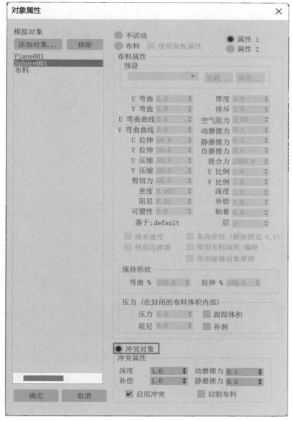

图10-94

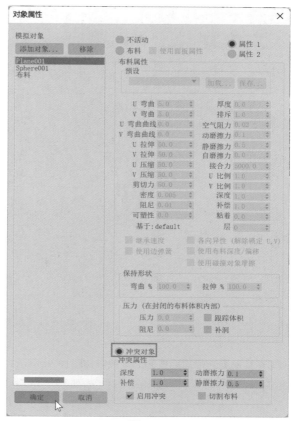

图10-95

19 在“对象”卷展栏中，单击“模拟”按钮，如图10-96所示，即可开始进行布料撕裂的模拟计算，如图10-97所示。

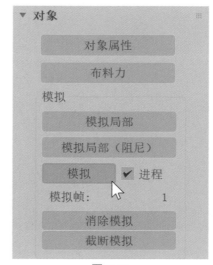

图10-96

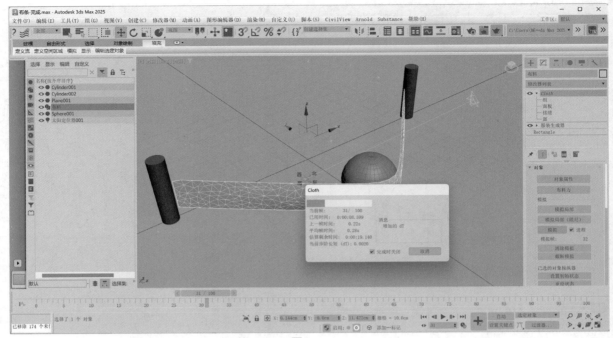

图10-97

⑳ 本实例最终模拟完成的动画效果如图10-98所示。

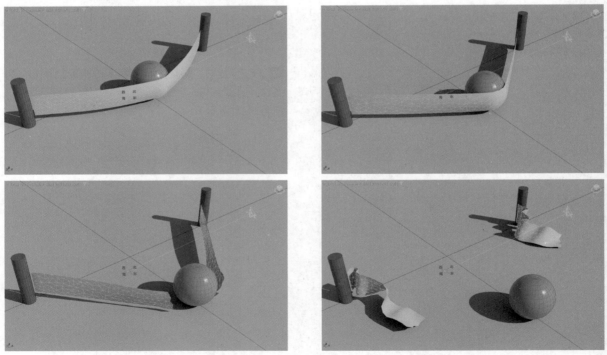

图10-98

10.3 流体

3ds Max 2025为用户提供了功能强大的液体模拟系统——流体，使用该动力学系统，特效师们可以制作出效果逼真的水、油等液体流动动画。在"创建"面板中，切换至"流体"面板，即可看到其"对象类型"中为用户提供了"液体"按钮和"流体加载器"按钮，如图10-99所示。其中"液体"按钮用来创建液体并计算液体流动动画，"流体加载器"按钮则用来添加现有的计算完成的"缓存文件"。

图10-99

10.3.1 基础知识：使用Stable Diffusion 绘制水果摄影图像

本案例主要演示在Stable Diffusion中使用文生图绘制水果摄影图像的操作方法。

01 在"模型"选项卡中，单击"DreamShaper"模型，如图10-100所示，将其设置为"Stable Diffusion模型"。

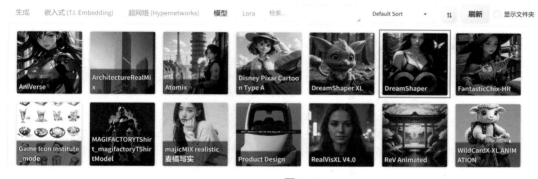

图10-100

02 在"文生图"选项卡中输入中文提示词："桃子，水，液体，白色背景"后，按Enter键则可以生成对应的英文："peach,water,liquid,white_background"，如图10-101所示。

图10-101

03 在"生成"选项卡中，设置"迭代步数（Steps）"为35、"宽度"为512、"高度"为768、"总批次数"为2，如图10-102所示。

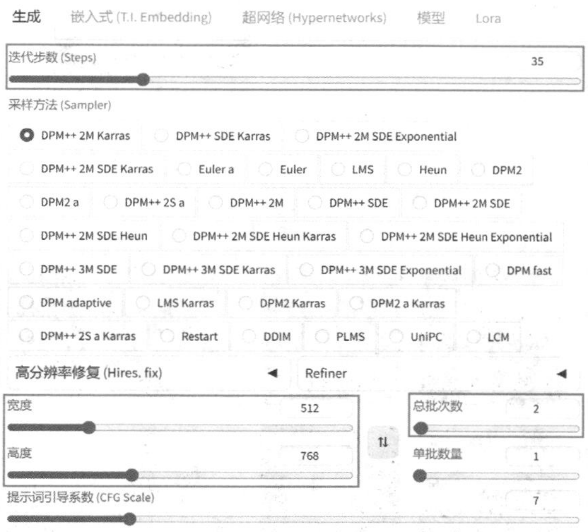

04 在"高分辨率修复（Hires.fix）"卷展栏中，设置"高分迭代步数"为20、"重绘幅度"为0.5、"放大倍数"为1.5，如图10-103所示。

图10-102

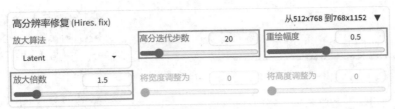

图10-103

05 在"反向词"文本框内输入："正常质量，低质量，最差质量，低分辨率"，按Enter键，即可将其翻译为英文："normal quality,low quality,worstquality,lowres"，并提高这些反向提示词的权重，如图10-104所示。

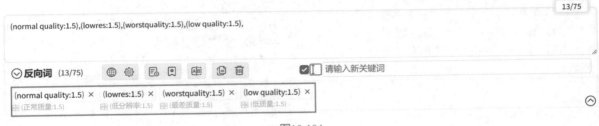

图10-104

06 单击"生成"按钮，绘制出来的桃子图像效果如图10-105所示。

图10-105

07 在Lora选项卡中，单击"KK-水光潋滟水果摄影"模型，如图10-106所示。

图10-106

08 设置完成后，可以看到该Lora模型出现在"提示词"文本框中，如图10-107所示。

Stable Diffusion 模型
DreamShaper.safetensors [879db523c3]

外挂 VAE 模型
None

CLIP 终止层数 2

文生图　图生图　后期处理　PNG 图片信息　模型融合　训练　无边图像浏览　模型转换　超级模型融合　模型工具箱

peach,water,liquid,white_background,<lora:KK-水光潋滟水果摄影:1>,

10/75

提示词 (10/75)　　　　　　　　　　　　　请输入新关键词

peach × 　water × 　liquid × 　white_background × 　<lora:KK-水光潋滟水果摄影:1> ×
桃子　　水　　液体　　白色背景　　　　　KK-水光潋滟水果摄影

13/75

(normal quality:1.5),(worstquality:1.5),(low quality:1.5),(lowres:1.5),

反向词 (13/75)　　　　　　　　　　　　　请输入新关键词

(normal quality:1.5) × 　(worstquality:1.5) × 　(low quality:1.5) × 　(lowres:1.5) ×
(正常质量:1.5)　　(最差质量:1.5)　　(低质量:1.5)　　(低分辨率:1.5)

图10-107

09 重绘图像，最终绘制完成的风景画效果如图10-108所示。

图10-108

技巧与提示：尝试将桃子更换为香蕉（banana）、草莓（strawberry）、蓝莓（blueberry）或葡萄（grapes），则可以得到如图10-109~图10-112所示的AI图像结果。

图10-109　　　　图10-110

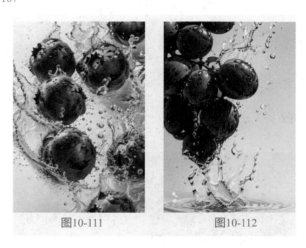

图10-111　　　　图10-112

10.3.2　实例：使用"流体"动力学制作倒入酒水动画

本实例主要讲解使用流体动力学制作倒入酒水动画效果，渲染效果如图10-113所示。

图10-113

01 启动3ds Max 2025软件，打开本书配套资源文件"酒杯.max"，如图10-114所示。

图10-114

02 在"创建"面板中，单击"液体"按钮，如图10-115所示。

图10-115

03 在"左"视图中绘制一个液体对象，如图10-116所示。

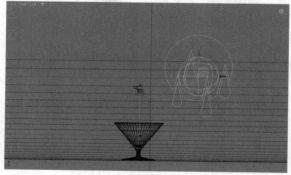

图10-116

04 调整液体对象的坐标位置至图10-117所示。

图10-117

05 在"修改"面板中，展开"发射器"卷展栏，设置"发射器图标"的"图标类型"为"球体"，设置"半径"为1，如图10-118所示。

06 在"设置"卷展栏中，单击"模拟视图"按钮，如图10-119所示。打开"模拟视图"面板。

图10-118

图10-119

07 在"液体属性"选项卡中，展开"碰撞对象/禁用平面"卷展栏，单击"拾取"按钮，将场景中的酒杯模型设置为液体的碰撞对象，如图10-120所示。

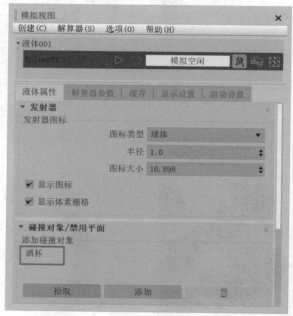

图10-120

08 在"创建"面板中，单击"平面"按钮，如图10-121所示。在"顶"视图中创建一个如图10-122所示大小的平面。

图10-121

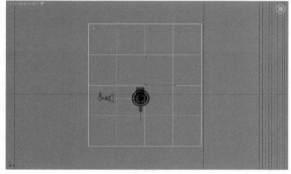

图10-122

09 在"碰撞对象/禁用平面"卷展栏中,单击"拾取"按钮,将场景中的平面模型设置为液体的禁用平面对象,如图10-123所示。

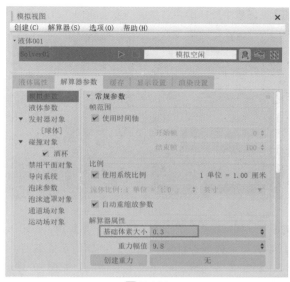

图10-124

11 在"发射器转换参数"卷展栏中,勾选"启用其他速度"复选框,设置"倍增"为0.5后,单击"创建辅助对象"按钮,如图10-125所示,即可在场景中创建出一个默认名称为"Solver01.其他速度001"的箭头,如图10-126所示。

图10-123

10 在"解算器参数"选项卡中,在左侧的列表中选择"模拟参数"选项,在"常规参数"卷展栏中,设置"基础体素大小"为0.3,如图10-124所示。

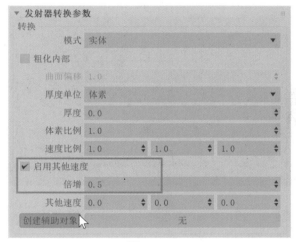

图10-125

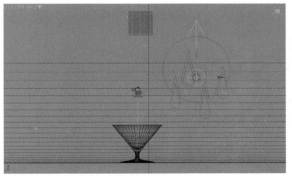

图10-126

12 在场景中旋转箭头对象的角度至图10-127所示。

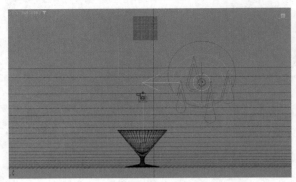
图10-127

13 在"模拟视图"面板中，单击"开始解算"按钮，开始进行液体模拟计算，如图10-128所示。这时，可以看到有液体穿透杯子模型的情况，如图10-129所示。

图10-128

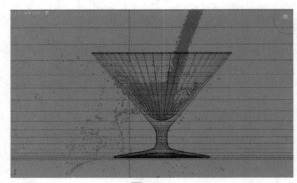
图10-129

14 在"模拟参数"卷展栏中，设置"自适应性"为0.8，如图10-130所示。

15 再次单击"开始解算"按钮，开始进行液体模拟计算，这时，可以看到有效地避免了液体穿透杯子模型的情况，如图10-131所示。

16 按N键，在20帧位置处取消勾选"启用液体发射"复选框，如图10-132所示。

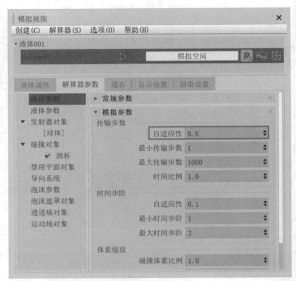
图10-130

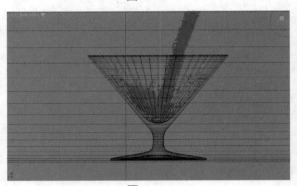
图10-131

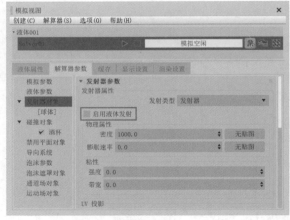
图10-132

17 再次进行液体动画模拟计算，拖动时间滑块，液体动画的模拟效果如图10-133所示。

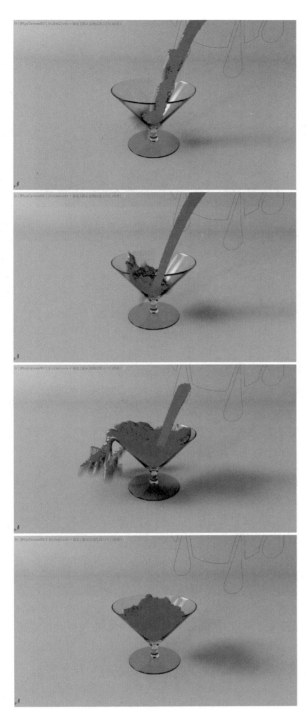

图10-133

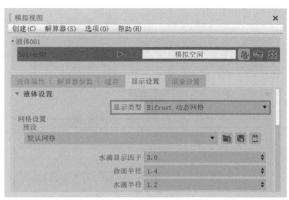

图10-134

图10-135

图10-136

19 本实例的最终动画完成效果如图10-137所示。

图10-137

18 在"显示设置"选项卡中，将"液体设置"卷展栏内的"显示类型"更改为"Bifrost动态网格"选项，如图10-134所示。这样，液体将以实体模型的方式显示，图10-135和图10-136所示为更改"显示类型"选项前后的液体显示对比。

图10-137（续）

技巧与提示：有关液体材质的设置技巧，请阅读本书第7章的相关实例进行学习。

10.3.3 实例：使用"流体"动力学制作果酱挤出动画

本实例主要讲解使用流体动力学制作果酱挤出的动画效果，渲染效果如图10-138所示。

图10-138

01 启动3ds Max 2025软件，打开本书配套资源文件"黄瓜.max"，如图10-139所示。

图10-139

02 在"创建"面板中，单击"液体"按钮，如图10-140所示。

图10-140

03 在"前"视图中创建一个液体图标，如图10-141所示。

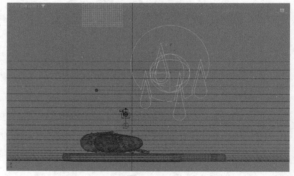

图10-141

04 在"修改"面板中，单击"设置"卷展栏内的"模拟视图"按钮，如图10-142所示，打开"模拟视图"面板。

图10-142

05 在"模拟视图"面板中，设置发射器的"图标类型"为"自定义"，这样就可以使用场景中的对象作为液体的发射器。单击"添加自定义发射器对象"列表下方的"拾取"按钮，单击场景中的球体模型，将其作为液体的发射器，如图10-143所示。

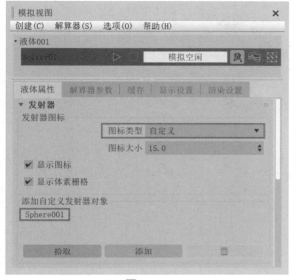

图10-143

06 在"碰撞对象/禁用平面"卷展栏中，单击"添加碰撞对象"列表下方的"拾取"按钮，将场景中的黄瓜模型和菜板模型添加进来，作为液体的碰撞对象，如图10-144所示。

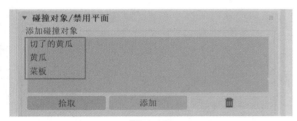

图10-144

07 设置完成后，单击"模拟视图"面板内的"开始解算"按钮，开始进行液体动画模拟计算，如图10-145所示。

图10-145

08 液体动画模拟计算完成后，拖动时间滑块，得到的液体模拟动画效果如图10-146所示。可以看到液体模拟出来的与黄瓜模型所产生的碰撞效果没有体现出

果酱那种较为黏稠的特性，同时，在"前"视图中还可以看出液体动画模拟还产生了一些位于平面下方不必要的液体动画，如图10-147所示。

图10-146

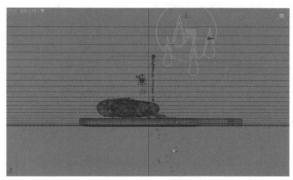

图10-147

09 在"创建"面板中，单击"平面"按钮，如图10-148所示。在"顶"视图中创建一个如图10-149所示大小的平面。

图10-148

10 在"解算器参数"选项卡中，在左侧列表中选择"液体参数"选项，在右侧的"液体参数"卷展栏中，设置液体的"黏度"为1，增加液体模拟的黏稠程度，如图10-150所示。

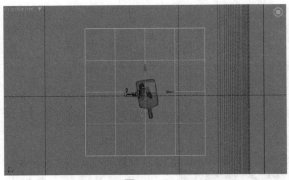

图10-149

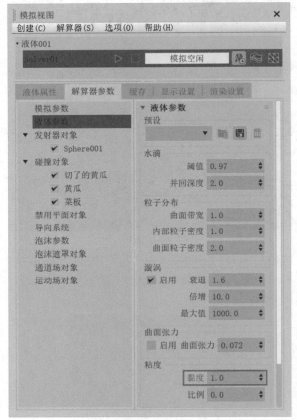

图10-150

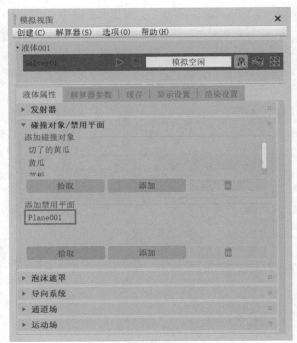

图10-151

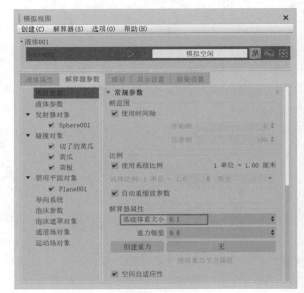

图10-152

图10-153

11 在"碰撞对象/禁用平面"卷展栏中，单击"添加禁用平面"列表下方的"拾取"按钮，将场景中的平面模型添加进来，作为液体的禁用平面对象，这样，液体将不会在平面的下方进行模拟计算，如图10-151所示。

12 在"解算器参数"选项卡中，在左侧的列表中选择"模拟参数"选项，在"常规参数"卷展栏中，设置"基础体素大小"为0.1，如图10-152所示。

13 设置完成后，再次单击"开始解算"按钮，进行动画模拟。这时，系统会自动弹出"运行选项"对话框，单击"重新开始"按钮即可开始液体动画模拟，如图10-153所示。

14 液体动画模拟计算完成后，拖动时间滑块，这次得到的液体模拟动画效果则没有产生之前的溅射效果，如图10-154所示。

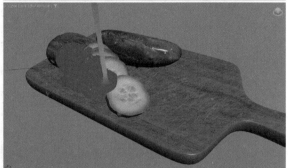

图10-154

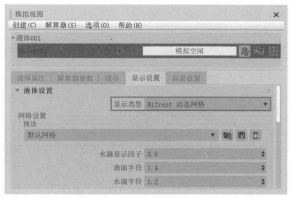

图10-155

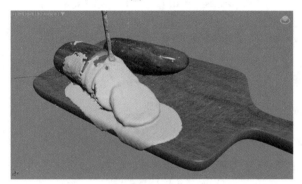

图10-156

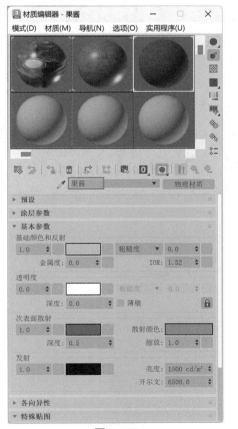

图10-157

15 在"显示设置"选项卡中，将"液体设置"的"显示类型"设置为"Bifrost动态网格"选项，如图10-155所示，这样，液体模拟的果酱效果在场景中看起来更加直观一些，如图10-156所示。

16 打开"材质编辑器"面板，将里面提供的"果酱"材质赋予场景中的液体模型，如图10-157所示。

17 渲染场景，液体的渲染结果如图10-158所示。

图10-158

18 本实例的果酱动画模拟效果如图10-159所示。

图10-159

第 11 章
渲染与 AI 绘画

11.1
渲染概述

我们使用3ds Max 制作完成的项目文件，最后都需要经过"渲染"这一步骤来得到单帧或序列帧的图像文件，这些图像文件可能只是整个动画项目里一个环节的产品，也有可能就是我们要交付客户的最终效果图。"渲染"看起来是我们在3ds Max软件中所要进行的最后一个工作流程，但是在具体的项目工作中并非如此。中文版3ds Max 2025为用户提供了多种渲染器，这些渲染器分别支持不同的材质和灯光。通常，我们需要先确定项目使用什么渲染器来渲染最终图像，然后才根据渲染器来设置场景对象的材质及场景灯光。如果在最终渲染时更换了渲染器，那么之前的材质及灯光工作很有可能就白做了，需要重新设置。

由于在本书之前的章节中已经介绍了材质及灯光的设置技巧，所以在本章中，"渲染"仅狭义地指在"渲染设置"面板中，通过调整参数来控制渲染图像的分辨率、序列及质量等参数。借助AI绘画软件，我们还可以将渲染出来的图像进行重绘，得到更加有趣的图像产品。在默认状态下，3ds Max 2025所使用的渲染器为Arnold渲染器，如图11-1所示。

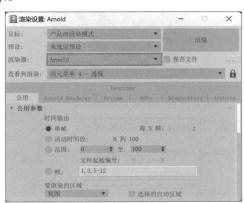

图11-1

11.2
Arnold 渲染器

Arnold渲染器是世界公认的著名渲染器之一，曾参与过许多优秀电影的视觉特效渲染工作。如果用户之前已经具备足够的渲染器知识或是已经熟练掌握过其他的渲染器（例如VRay渲染器），那么学习Arnold渲染器将会觉得非常容易上手。图11-2和图11-3所示均为使用Arnold渲染器制作完成的三维作品。

图11-2   图11-3

11.3
综合实例：制作卧室效果图

本实例使用一个中式风格的卧室场景讲解3ds Max材质、灯光及渲染设置的综合运用，最终渲染结果如图11-4所示。

图11-4

启动中文版3ds Max 2025软件，打开本书的配套资源"卧室.max"文件，如图11-5所示。

图11-5

11.3.1 制作木纹材质

本实例中的地板模型和衣柜模型均使用了木纹材质，渲染效果如图11-6和图11-7所示。

图11-6

图11-7

01 选择地板模型，如图11-8所示。

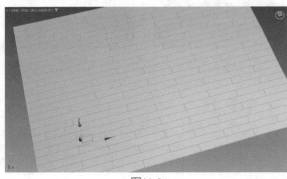

图11-8

02 在"材质编辑器"面板中，选择一个默认的物理材质球指定给所选模型，并重命名为"木纹"，如图11-9所示。

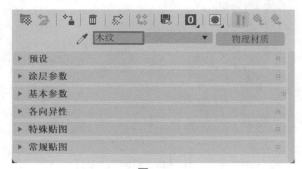

图11-9

03 在"常规贴图"卷展栏中，为"基础颜色"属性添加一张"浅色木纹.jpg"贴图文件，如图11-10所示。

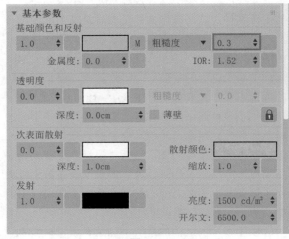

图11-10

04 在"基本参数"卷展栏中，设置"粗糙度"为0.3，如图11-11所示。

图11-11

05 设置完成后，木纹材质球的显示效果如图11-12所示。

图11-12

11.3.2 制作金色金属材质

本实例中的小鹿摆件模型、台灯支架模型和背景墙边线模型均使用了金色金属材质，渲染效果如图11-13所示。

图11-13

01 选择小鹿摆件模型，如图11-14所示。

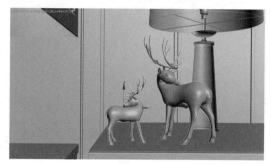

图11-14

02 在"材质编辑器"面板中，选择一个默认的物理材质球指定给所选模型，并重命名为"金色金属"，如图11-15所示。

图11-15

03 在"基本参数"卷展栏中，设置"基础颜色"为黄色、"粗糙度"为0.1、"金属度"为1，如图11-16所示。"基础颜色"的参数设置如图11-17所示。

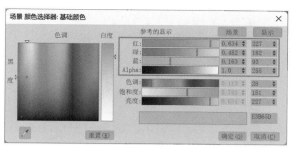

图11-17

04 设置完成后，金色金属材质球的显示效果如图11-18所示。

图11-18

11.3.3　制作布料材质

本实例中床上的被子模型使用了布料材质，渲染效果如图11-19所示。

图11-19

01 选择被子模型，如图11-20所示。

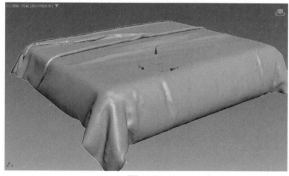

图11-20

02 在"材质编辑器"面板中，选择一个默认的物理材质球指定给所选模型，并重命名为"布料"，如图11-21所示。

图11-21

03 在"常规贴图"卷展栏中，为"基础颜色"属性添加一张"深一点的布纹.jpg"贴图文件，如图11-22所示。

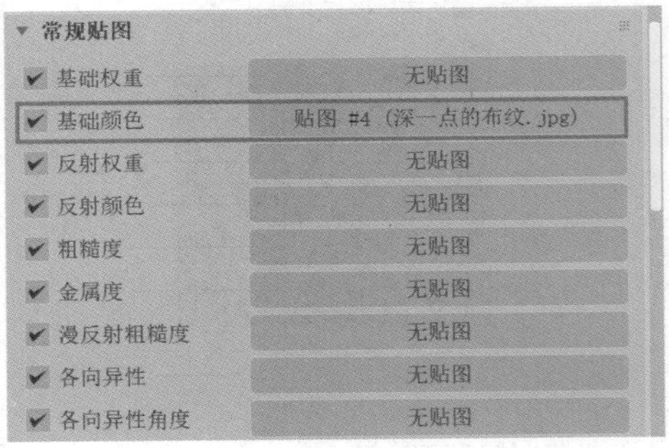

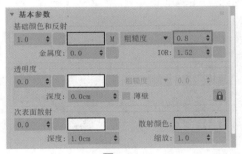

图11-22

04 在"基本参数"卷展栏中，设置"粗糙度"为0.8，如图11-23所示。

图11-23

05 设置完成后，布料材质球的显示效果如图11-24所示。

图11-24

11.3.4 制作窗户玻璃材质

本实例中窗户玻璃模型使用了玻璃材质，渲染效果如图11-25所示。

图11-25

01 选择玻璃模型，如图11-26所示。

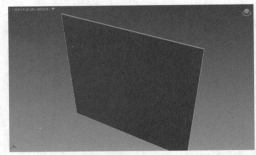

图11-26

02 在"材质编辑器"面板中，选择一个默认的物理材质球指定给所选模型，并重命名为"窗户玻璃"，如图11-27所示。

图11-27

03 在"基本参数"卷展栏中，设置"透明度"为1，如图11-28所示。

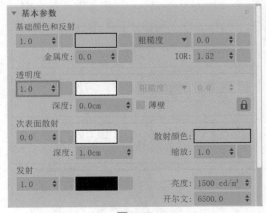

图11-28

04 设置完成后，窗户玻璃材质球的显示效果如图11-29所示。

图11-29

11.3.5 制作红色陶瓷材质

本实例中床头柜上的花瓶模型使用了红色陶瓷材质，渲染效果如图11-30所示。

图11-30

01 选择花瓶模型，如图11-31所示。

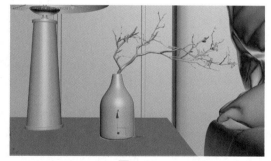
图11-31

02 在"材质编辑器"面板中，选择一个默认的物理材质球指定给所选模型，并重命名为"红色陶瓷"，如图11-32所示。

图11-32

03 在"基本参数"卷展栏中，设置"基础颜色"为红色、"粗糙度"为0.1，如图11-33所示。"基础颜色"的参数设置如图11-34所示。

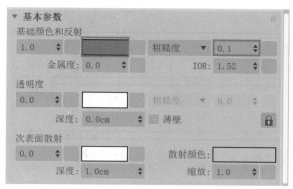
图11-33

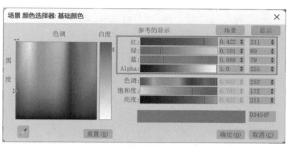
图11-34

04 设置完成后，红色陶瓷材质球的显示效果如图11-35所示。

图11-35

11.3.6 制作地毯材质

本实例中地毯模型使用了地毯材质并配合"Hair和Fur（WSM）"修改器制作真实的毛发效果，渲染效果如图11-36所示。

图11-36

01 选择地毯模型，如图11-37所示。

图11-37

02 在"材质编辑器"面板中，选择一个默认的物理材质球指定给所选模型，并重命名为"地毯"，如图11-38所示。

图11-38

03 在"常规贴图"卷展栏中，为"基础颜色"属性添加一张"地毯纹理.jpg"贴图文件，如图11-39所示。

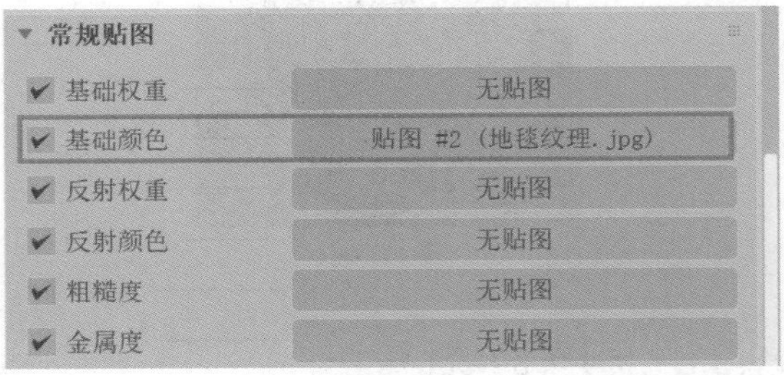

图11-39

04 在"基本参数"卷展栏中，设置"粗糙度"为0.8，如图11-40所示。

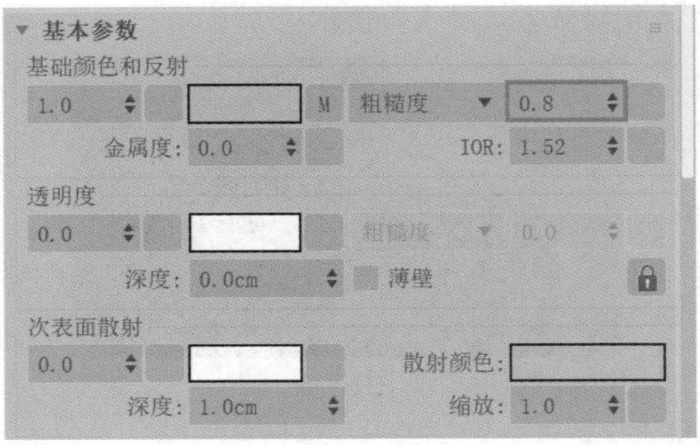

图11-40

05 在"修改"面板中，为其添加"Hair和Fur（WSM）"修改器，如图11-41所示。

图11-41

06 在"常规参数"卷展栏中，设置"毛发数量"为500000、"比例"为5、"根厚度"为3，如图11-42所示。

07 在"纽结参数"卷展栏中，设置"纽结根"为5、"纽结梢"为9，如图11-43所示。

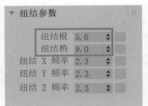

图11-42   图11-43

08 设置完成后，地毯上毛发的视图显示结果如图11-44所示。

图11-44

11.3.7 制作天光照明效果

01 在"创建"面板中，单击"Arnold Light"按钮，如图11-45所示。

Arnold
对象类型
自动栅格
Arnold Light

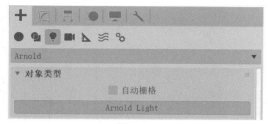

图11-45

02 在“前”视图中窗户位置处，创建一个“Arnold Light”灯光，如图11-46所示。

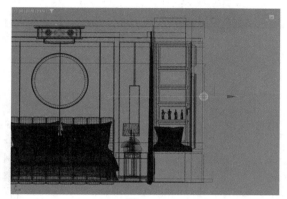

图11-46

03 在Shape卷展栏中，设置“Quad X”为200cm、“Quad Y”为200cm，如图11-47所示。

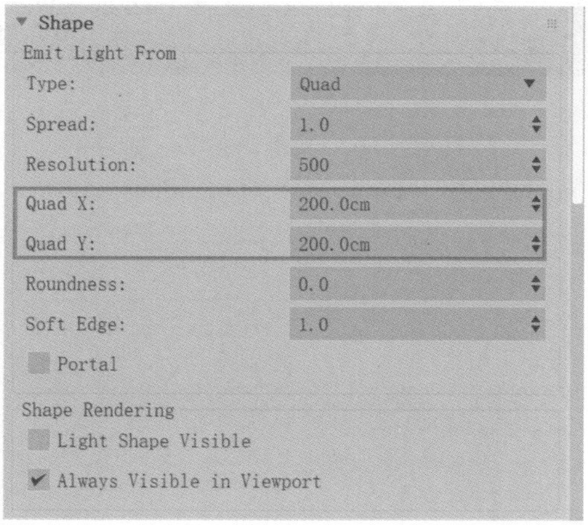

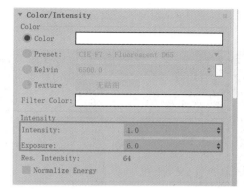

Shape
Emit Light From
Type:
Quad
Spread:
1.0
Resolution:
500
Quad X:
200.0cm
Quad Y:
200.0cm
Roundness:
0.0
Soft Edge:
1.0
Portal
Shape Rendering
Light Shape Visible
Always Visible in Viewport

图11-47

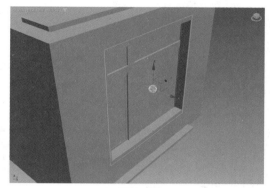

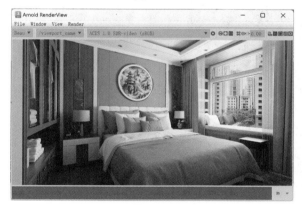

04 在Color/Intensity卷展栏中，设置Intensity为1、Exposure为6，如图11-48所示。

05 在“透视”视图中，调整“Arnold Light”灯光的位置至房间模型的窗户位置处，如图11-49所示。

06 设置完成后，渲染场景，渲染结果如图11-50所示，可以看到画面的左侧显得略微暗一些。

07 将场景中的灯光进行复制。在Shape卷展栏中，设置“Quad X”为100cm、“Quad Y”为200cm，如图11-51所示。

Color/Intensity
Color
Color
Preset:
CIE F7 - Fluorescent D65
Kelvin
6500.0
Texture
无贴图
Filter Color:
Intensity
Intensity:
1.0
Exposure:
6.0
Res. Intensity:
64
Normalize Energy

图11-48

图11-49

Arnold RenderView
File
Window
View
Render
ACES 1.0 SDR-video (sRGB)

图11-50

Shape
Emit Light From
Type:
Quad
Spread:
1.0
Resolution:
500
Quad X:
100.0cm
Quad Y:
200.0cm
Roundness:
0.0
Soft Edge:
1.0
Portal
Shape Rendering
Light Shape Visible
Always Visible in Viewport

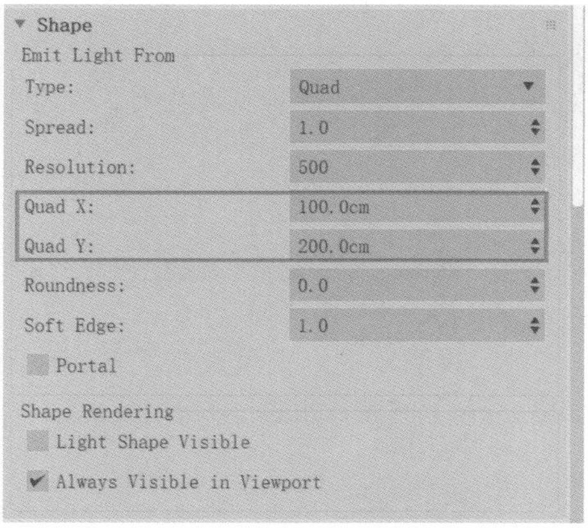

图11-51

08 调整复制出来的灯光的位置至门口处，如图11-52所示。

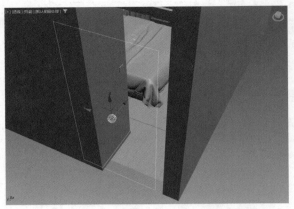

图11-52

09 渲染场景，渲染结果如图11-53所示，可以看到画面的左侧被提亮了许多。

图11-53

11.3.8 制作射灯照明效果

01 在"创建"面板中，单击"Arnold Light"按钮，如图11-54所示。

图11-54

02 在"前"视图中射灯模型位置下方，创建一个"Arnold Light"灯光，如图11-55所示。

图11-55

03 在"顶"视图中，调整灯光的位置至图11-56所示。

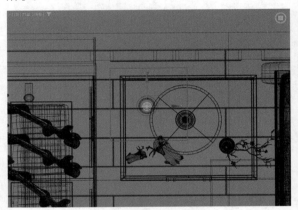

图11-56

04 在Shape卷展栏中，设置Type为"光度学"，并为File属性添加"light.ies"文件，如图11-57所示。

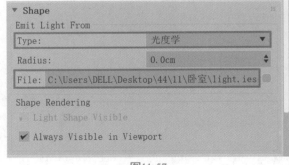

图11-57

05 在Color/Intensity卷展栏中，设置Color为Kelvin、Kelvin为2500、Intensity为5000、Exposure为10，如图11-58所示。

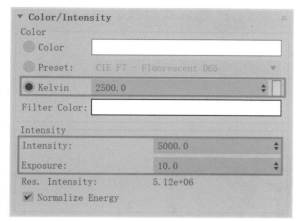

图11-58

06 在"前"视图中，对灯光进行复制，并调整其位置至图11-59所示位置处。

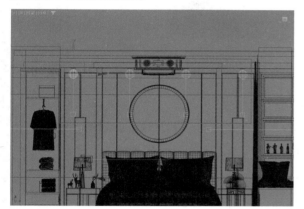

图11-59

07 在"渲染设置（Arnold Renderer）"面板中，设置"Camera（AA）"为12，如图11-60所示。

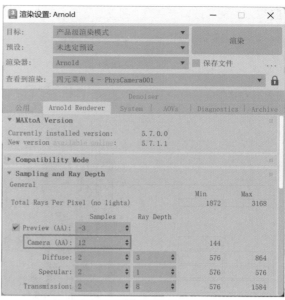

图11-60

08 渲染场景，本实例的最终渲染效果如图11-61所示。

图11-61

11.3.9 对渲染图进行 AI 重绘

01 在"模型"选项卡中，单击AniVerse模型，如图11-62所示，并将其设置为"Stable Diffusion模型"。

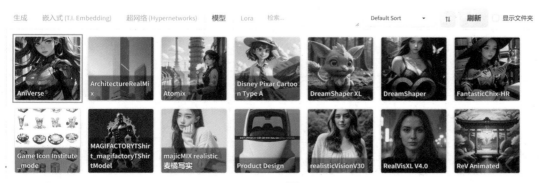

图11-62

207

02 在"生成"选项卡中的"图生图"选项卡中，上传一张"渲染图.png"图像文件，如图11-63所示。

图11-63

03 在"图生图"选项卡中输入中文提示词："卧室，床，衣柜，窗户，窗帘，台灯，床头柜，水彩"，按Enter键，即可将其翻译为英文："bedroom,bed,wardrobe,window,curtains,desk_lamp, nightstand,watercolor_(medium),"，并提高提示词"水彩"的权重为1.5，如图11-64所示。

图11-64

04 在"反向词"文本框内输入："正常质量，低分辨率，低质量，最差质量"，按Enter键，即可将其翻译为英文："normal quality,worstquality,low quality,lowres,"，并提高这些反向提示词的权重均为2，如图11-65所示。

图11-65

05 在"ControlNet单元0"选项卡中，添加一张"渲染图.png"文件，勾选"启用""完美像素模式"和"上传独立的控制图像"复选框，设置"控制类型"为"Lineart（线稿）"，然后单击红色爆炸图案形状的"Run preprocessor（运行预处理）"按钮，如图11-66所示。

图11-66

06 经过一段时间的计算，在"单张图片"选项卡中图片的旁边会显示出计算出来的线稿图，如图11-67所示。

图11-67

07 在"生成"选项卡中，设置"迭代步数（Steps）"为30、"宽度"为1280、"高度"为720、"总批次数"为2，如图11-68所示。

08 设置完成后，单击"生成"按钮，如图11-69所示。

09 绘制出来的水彩风格卧室效果图如图11-70所示，可以看出画面中的颜色与原图相差较大。

图11-68

图11-69

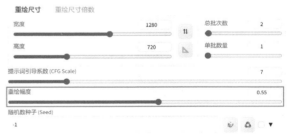

图11-70

10 设置"重绘幅度"为0.55，如图11-71所示。

图11-71

11 再次重绘图像，绘制出来的水彩风格卧室效果图如图11-72所示，这一次绘制出来的图像颜色与原图更加相符。

图11-72

209

技巧与提示：在本节对应的教学视频里，还讲解了素描及油画风格图像的重绘方法，如图11-73和图11-74所示。

图11-73 　　　　　图11-74

11.4
综合实例：制作海报

本实例通过绘制一张海报来讲解3ds Max软件与AI绘画的综合运用，海报的最终效果如图11-75所示。由于AI绘画的随机性，读者不会得到与该实例一模一样的海报，但是可以得到画面内容及风格较为相似的海报效果。

图11-75

11.4.1　制作文字模型

01 启动中文版3ds Max 2025软件，在"创建"面板中，单击"文本"按钮，如图11-76所示。

图11-76

02 在"前"视图中创建一个文本图形，如图11-77所示。

图11-77

03 在"参数"卷展栏中，在"文本"下方的文本框内输入"夏至"，设置字体为Windows系统自带的"黑体"，如图11-78所示。

图11-78

04 设置完成后，文本图形的视图显示效果如图11-79所示。

图11-79

05 在"修改"面板中，为文本图形添加"挤出"修改器，如图11-80所示。

06 在"参数"卷展栏中，设置"数量"为15，如图11-81所示。

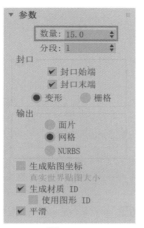

图11-80　　　　　　　　　　图11-81

07 设置完成后，文本模型的视图显示效果如图11-82所示。

图11-82

08 按Shift+F组合键，显示出"安全框"后，调整文字模型的观察角度至图11-83所示。

图11-83

09 渲染场景，渲染结果如图11-84所示。

图11-84

11.4.2 使用 Stable Diffusion 绘制风景效果图

01 在"模型"选项卡中，单击"ReV Animated"模型，如图11-85所示，并将其设置为"Stable Diffusion"模型。

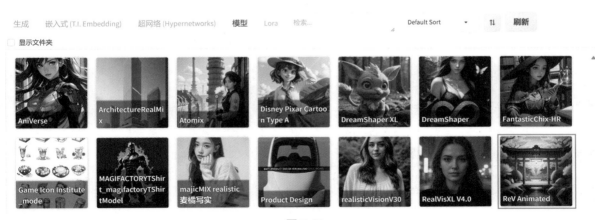

图11-85

02 在"文生图"选项卡中输入中文提示词："夏天，草地，花，蓝天，山脉，云，石头，五彩缤纷的花"后，按Enter键则可以生成对应的英文："in summer,in a meadow,flower,blue_sky,mountain,cloud,stone,colorful flowers,"，并提高提示词"石头"的权重为1.6，如图11-86所示。

Stable Diffusion 模型	外挂 VAE 模型	CLIP 终止层数　2
ReV Animated.safetensors [4199bcdd14] ▼	None ▼	

文生图　图生图　后期处理　PNG 图片信息　模型融合　训练　无边图像浏览　模型转换　超级模型融合　模型工具箱

22/75

in summer,in a meadow,flower,blue_sky,mountain,cloud,(stone:1.6),colorful flowers,

提示词 (22/75) 　🌐 ⚙️ 🗒 🔖 🔡 📋 🗑 🔵 　☑️ 请输入新关键词

in summer ×	in a meadow ×	flower ×	blue_sky ×	mountain ×	cloud ×	(stone:1.6) ×	colorful flowers ×
夏天	草地	花	蓝天	山脉	云	(石头:1.6)	五彩缤纷的花

图11-86

03 在"生成"选项卡中，设置"迭代步数（Steps）"为30、"高分迭代步数"为20、"宽度"为640、"高度"为360、"总批次数"为2，如图11-87所示。

图11-87

04 单击"生成"按钮，绘制出来的图像效果如图11-88所示。

图11-88

05 在"反向词"文本框内输入："正常质量，低分辨率，低质量，最差质量"，按Enter键，即可将其翻译为英文："normal quality,worstquality,low quality,lowres,"，并提高这些反向提示词的权重均为2，如图11-89所示。

06 重绘图像，可以看到现在图像的质量有了很大提高，画面也清晰了许多，如图11-90所示。

07 在Lora选项卡中，单击"电商丨草地绿色背景"，如图11-91所示。

08 设置完成后，可以看到该Lora模型会出现在"提示词"文本框中，如图11-92所示。

13/75

(normal quality:2),(lowres:2),(low quality:2),(worstquality:2),

反向词 (13/75) 　🌐 ⚙️ 🗒 🔖 🔡 📋 🗑 　☑️ 请输入新关键词

(normal quality:2) ×	(lowres:2) ×	(low quality:2) ×	(worstquality:2) ×
(正常质量:2)	(低分辨率:2)	(低质量:2)	(愚差质量:2)

图11-89

图11-90

生成　嵌入式 (T.I. Embedding)　超网络 (Hypernetworks)　模型　Lora　检索...　　Default Sort　　⇅　　刷新　　☐显示文件夹

图11-91

Stable Diffusion 模型　　　　　　　　　　外挂 VAE 模型　　　　　　　　　　　　CLIP 终止层数　　2

ReV Animated.safetensors [4199bcdd14]　▼　　🔄　　None　　　　　　　　　▼　🔄

文生图　　图生图　　后期处理　　PNG 图片信息　　模型融合　　训练　　无边图像浏览　　模型转换　　超级模型融合　　模型工具箱

22/75

in summer,in a meadow,flower,blue_sky,mountain,cloud,(stone:1.6),colorful flowers,<lora:电商 | 草地绿色背景:1>,

⌄ 提示词 (22/75) 🌐 ⚙ 📑 📷 🔤 📋 🗑 🔄　　☑☐ 请输入新关键词

in summer × │ in a meadow × │ flower × │ blue_sky × │ mountain × │ cloud × │ (stone:1.6) × │ colorful flowers × │ <lora:电商 | 草地绿色背景:1> ×
夏天　　　草地　　　花　　　蓝天　　　山脉　　　云　　(石头:1.6)　五彩缤纷的花　电商 | 草地绿色背景　　　　⌃

13/75

(normal quality:2),(worstquality:2),(low quality:2),(lowres:2),

⌄ 反向词 (13/75) 🌐 ⚙ 📑 📷 🔤 📋 🗑　　☑☐ 请输入新关键词

(normal quality:2) × │ (worstquality:2) × │ (low quality:2) × │ (lowres:2) ×
(正常质量:2)　　(最差质量:2)　　(低质量:2)　　(低分辨率:2)　　　　　　　⌃

图11-92

09 重绘图像，即可得到非常漂亮的户外风景图像效果，如图11-93所示。

图11-93

11.4.3 使用 ControlNet 将文字融入海报画面

01 在"ControlNet单元0"选项卡中，添加一张"夏至.jpg"图片，勾选"启用"和"完美像素模式"复选框，设置"控制类型"为"Tile/Blur（分块/模糊）"、"控制权重"为0.45、"引导终止时机"为0.6，然后单击红色爆炸图案形状的"Run preprocessor（运行预处理）"按钮，如图11-94所示。

图11-94

02 经过一段时间的计算，在"单张图片"选项卡中图片的旁边会显示出计算出来的文字分块图，如图11-95所示。

图11-95

03 在"ControlNet单元1"选项卡中，添加一张"夏至.jpg"图片，勾选"启用"和"完美像素模式"复选框，设置"控制类型"为"Depth（深度）"、"控制权重"为0.35、"引导终止时机"为0.75，然后单击红色爆炸图案形状的"Run preprocessor（运行预处理）"按钮，如图11-96所示。

图11-96

04 经过一段时间的计算，在"单张图片"选项卡中图片的旁边会显示出计算出来的文字深度图，如图11-97所示。

图11-97

05 在"ControlNet单元0"选项卡中，添加一张"夏至.jpg"图片，勾选"启用"和"完美像素模式"复选框，设置"控制类型"为"Canny（硬边缘）"、"控制权重"为0.5、"引导终止时机"为0.6，然后单击红色爆炸图案形状的"Run preprocessor（运行预处理）"按钮，如图11-98所示。

图11-98

06 经过一段时间的计算，在"单张图片"选项卡中图片的旁边会显示出计算出来的文字硬边缘图，如图11-99所示。

图11-99

07 单击"生成"按钮，绘制出来的图像效果如图11-100所示。

图11-100

08 将提示词"石头"的权重降低至1.2，如图11-101所示。

图11-101

09 单击"生成"按钮，绘制出来的图像效果如图11-102所示。

图11-102

10 在"后期处理"选项卡中，将刚刚绘制出来的图像上传至"单张图片"选项卡中，设置"缩放比例"为2.5、"放大算法1"为Lanczos后，单击"生成"按钮，即可对图像进行放大，如图11-103所示。

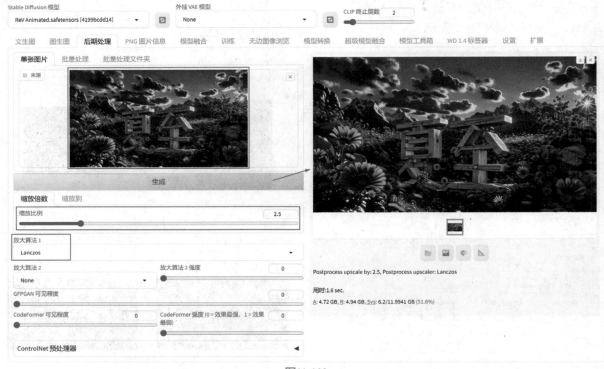

图11-103